INDICE

Premessa

L'utilizzo di tecnologie da remoto per lo studio dell'ambiente sta prendendo sempre più piede nell'ambito dell'ecologia e della conservazione della natura. Ambienti come quelli marino-costieri, altamente complessi e dinamici, rappresentano attualmente una delle principali sfide del telerilevamento in materia ambientale. Se prima l'utilizzo di dati remoti in ambiente costiero era limitato alle fotografie aeree o ai sensori satellitari multispettrali dalle caratteristiche spettrali e dalle risoluzioni spaziali troppo poco accurate per lo studio di un ambiente così eterogeneo, oggi l'evoluzione di sensori iperspettrali, con risoluzioni spettrali e spaziali enormemente migliori, apre nuove frontiere all'applicabilità di tecniche remote per lo studio di dettaglio dell'ambiente costiero. Gli ambienti costieri sono tra gli ambienti più importanti sia in termini di biodiversità e di complessità funzionale che di utilità per l'uomo, in quanto oltre a rappresentare la culla di ecosistemi tra i più produttivi al mondo, come le praterie di fanerogame, le barriere coralline, gli ecosistemi a mangrovie, sono di importanza cruciale per molte attività umane, dalla pesca, ai trasporti, al turismo, ecc. Ai fini della protezione di questi ambienti e di una gestione efficace integrata della fascia costiera, si presenta una crescente esigenza di una spazializzazione di dati ad alta risoluzione che consenta una visione completa del sistema costiero. In quest'ottica il telerilevamento possiede alcune peculiarità che possono essere di estrema validità negli studi ecologici, come la sinotticità, la multi temporalità, il superamento del concetto puntuale di campionamento a vantaggio di una descrizione spaziale completa. Le coste italiane si estendono per circa 8350 chilometri (di cui 4600 sono di costa bassa), caratterizzati da una forte antropizzazione e dalla presenza di importanti infrastrutture. Attualmente quasi il 20% dei litorali italiani sono in evidente stato di erosione e a rischio allagamento. Inoltre si assiste ad una crescente espansione delle strutture turistiche, che costituiscono un'importante risorsa socio-economica per la nazione. Risulta quindi chiara l'importanza dell'analisi della vulnerabilità della fascia costiera italiana rispetto al fenomeno dell'aggressione marina (legata agli eventi di mareggiata) e si rende necessaria la compilazione di una cartografia dei rischi costieri. Inoltre, nella società odierna, sopraffatta dal consumismo ed accecata dal profitto, le problematiche relative all'inquinamento, causa di un rapido ed irreversibile deterioramento dell'ambiente, sono talvolta considerate marginali ed affrontate in modo superficiale. L'obiettivo di questo lavoro è far luce su questi vari aspetti, in particolare ponendo l'accento sui moderni sistemi di monitoraggio ambientale, utile ad esempio, per i fenomeni di erosione ed inquinamento delle acque marine, i cui effetti, sull'ecosistema e sulla salute pubblica, sono ben tangibili e non più trascurabili. L'uomo infatti, ha da sempre sfruttato in modo sconsiderato le risorse offerte dalla costa, rispettando ben poco le norme a difesa dell'ambiente marino; l'incremento demografico, il maggiore addensamento abitativo ed il numero crescente di stabilimenti industriali, hanno messo a dura prova l'equilibrio del mare e delle sue coste, ma sono state le immissioni di idrocarburi e lo scarico di sostanze inquinanti nei corsi d'acqua, a svolgere un ruolo determinante nel deturpamento di tali zone. Gli sversamenti accidentali in mare di ingenti quantità di petrolio, uniti alle fonti croniche, quali la ricaduta di particelle inquinanti dall'atmosfera, le infiltrazioni naturali, il dilavamento degli oli minerali dispersi nell'ambiente, le perdite di raffinerie o di piattaforme in mare aperto e lo scarico a mare di acque di zavorra da parte di navi cisterna, costituiscono il primo punto da cui partire per analizzare le ripercussioni che, tali fattori, hanno sull'ambiente marino. È mio interesse illustrare le potenzialità del telerilevamento, in quanto le immagine telerilevate rappresentano una fonte di dati aggiornati e ad un costo relativamente basso per le amministrazioni pubbliche. E'stato poi effettuato uno studio con l'applicazione di tali strumentazioni, al litorale di Termoli (Campobasso) in quanto caratterizzato dai tipici fenomeni di erosione. Il telerilevamento viene argomentato enunciando le leggi che lo regolano, le grandezze e le unità di misura che lo caratterizzano, le piattaforme di ripresa (satelliti, velivoli), per giungere poi alla compilazione di carte tematiche.

CAPITOLO I: IL TELERILEVAMENTO

La "International Society for Photogrammetry and Remote Sensing (ISPRS)" definisce il telerilevamento (TLR) come "L'arte, la scienza e la tecnologia di ottenere informazioni quantitative sui processi fisici e ambientali, mediante processi di registrazione, misura e interpretazione di immagini e rappresentazioni digitali delle caratteristiche energetiche degli oggetti derivati da sistemi di sensori remoti".

Questa definizione considera la fotogrammetria come un sotto-campo del TLR. Pertanto il telerilevamento è un insieme di tecniche di ripresa, elaborazione ed interpretazione di dati che permettono di "conoscere a distanza" il comportamento delle superfici, sfruttando l'energia elettromagnetica come vettore di informazione. Nel telerilevamento viene fatto uso di strumenti o sensori in grado di "catturare" le relazioni spaziali e spettrali di oggetti ed elementi osservabili a distanza, tipicamente dall'alto. In genere siamo abituati a guardare il nostro pianeta da un punto di vista più o meno orizzontale vivendo sulla sua superficie. In queste condizioni ovviamente la nostra vista è limitata a piccole aree anche a causa di ostacoli come edifici, alberi e rilievi topografici. Il nostro campo di vista è largamente ampliato se guardiamo dall'alto di un edificio elevato o dalla cima di una montagna e cresce ulteriormente se guardiamo da un aereo che viaggia alla quota di 10.000 metri. Da una prospettiva verticale o alta obliqua, la superficie al di sotto ci appare notevolmente differente rispetto a quando la guardiamo dalla superficie stessa. In questo modo vediamo l'insieme degli elementi della superficie come apparirebbero su una mappa tematica nelle loro relazioni spaziali. Questo è il motivo per il quale il telerilevamento utilizza più spesso piattaforme come quelle aeree e satellitari con sensori a bordo in grado di rilevare e analizzare aree estese. E' questa la maniera pratica, sistematica ed economica di mantenere ed aggiornare le informazioni sul mondo che ci circonda.

1.1 Definizione di telerilevamento

In passato era generalmente accettata la definizione di telerilevamento come insieme di tecniche, strumenti e mezzi interpretativi in grado di estendere e migliorare le capacità percettive dell'occhio umano, fornendo informazioni qualitative e quantitative su oggetti posti a distanza dal luogo d'osservazione. Le moderne tecniche di telerilevamento hanno ampliato il campo di indagine ben al di là delle informazioni legate allo spettro elettromagnetico, comprendendo misure di campi di forze (gravitazionali, magnetico, elettrico) e utilizzando una grande quantità di strumenti (sistemi laser, ricevitori a radio frequenza, sistemi radar, sonar, dispositivi termici, sismografi, magnetometri, gravimetri, scintillatori). Oggi il telerilevamento comprende tecniche di analisi della radiazione elettromagnetica e dei campi di forze finalizzate ad acquisire ed interpretare dati geospaziali presenti sulla superficie terrestre, negli oceani, nell'atmosfera. La distanza dell'osservatore dalle informazioni raccolte può andare da alcuni metri (Proximal Sensing) fino a migliaia di chilometri (Remote Sensing), come nel caso delle osservazioni effettuate dai satelliti. Il veicolo di informazione del telerilevamento generalmente è l'energia elettromagnetica, sia essa proveniente dal sole, emessa dalla terra o generata da strumenti radar o laser. L'energia elettromagnetica che trasporta le informazioni più utili nel campo del telerilevamento applicato allo studio del territorio, è quella delle bande del visibile, dell'infrarosso e delle microonde. Si può quindi affermare che il telerilevamento si basa sulla capacità di differenziare il maggior numero possibile di elementi o oggetti sul territorio (suolo, vegetazione, acqua, urbanizzato, ecc.) cercando di descrivere le caratteristiche spettrali di ciascuno di

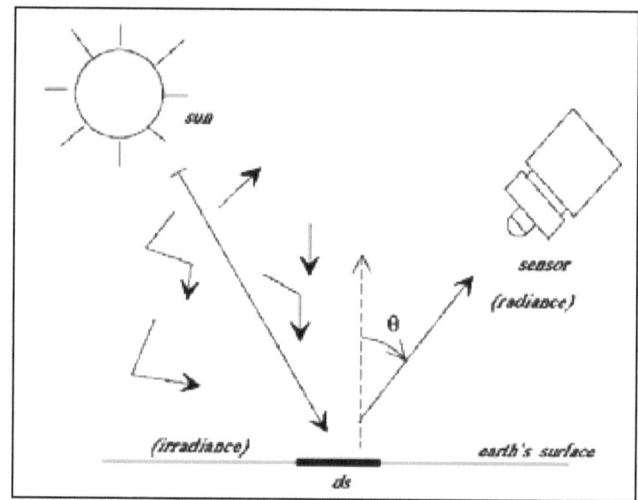

Fig. 1.1: sensori passivi

4

loro alle varie lunghezze d'onda a cui sono sensibili i diversi sensori compatibilmente con la loro risoluzione spaziale. Solitamente il rilievo di una superficie effettuato con tecniche di telerilevamento prevede tre fasi distinte: la ripresa dei dati (da aereo, da satellite o da terra), la loro elaborazione e l'analisi. Gli strumenti di rilievo utilizzati possono essere distinti in due categorie e cioè quelli che forniscono delle misure, come radiometri, spettrofotometri, scatterometri o altri, e quelli che forniscono delle immagini, cioè macchine fotografiche, dispositivi digitali di scansione, termocamere, ecc..Tutti gli strumenti da ripresa nel gergo tecnico vengono chiamati sensori. I sensori possono essere divisi in due grandi gruppi: passivi ed attivi. I sensori passivi misurano livelli circostanti di fonti di energia esistenti, mentre quelli attivi offrono la loro propria fonte di energia. La maggior parte della rilevazione remota è fatta con sensori passivi per i quali il sole è la maggiore fonte di energia. Il primo esempio di questo è la fotografia. Con macchine fotografiche aerotrasportate noi siamo stati in grado, già da molto, di misurare e registrare la riflessione della luce sulle caratteristiche della Terra. Tutti i sensori passivi non usano comunque, energia del sole. I sensori passivi di microonda e infrarossi termici misurano entrambi le naturali emissioni di energia della terra. Così i sensori passivi sono semplicemente quelli che non si riforniscono dell'energia che è rilevata. Dal confronto, i sensori attivi offrono la loro fonte di energia. Nelle applicazioni ambientali e delle mappe, il migliore esempio è il radar. I sistemi radar emettono energia nella regione delle microonde dello spettro elettromagnetico. La riflessione di quell'energia dai materiali della superficie della terra è misurata poi per produrre un'immagine dell'area rilevata. Quindi attraverso i sensori è possibile effettuare misure a distanza basate essenzialmente sul comportamento delle superfici dei corpi relativamente alle onde elettromagnetiche nel visibile, nell'infrarosso e nelle microonde. Tali misure sono indirizzate al riconoscimento indiretto della struttura degli elementi territoriali o al rilevamento di alcune caratteristiche fisiche come, ad esempio, la temperatura o come la distribuzione spaziale di un elemento. E' in questo senso che il telerilevamento consente oltre ad un'analisi qualitativa e descrittiva delle immagini anche un'analisi quantitativa eseguibile a volte automaticamente. Le misure di calibrazione da effettuare a terra per sfruttare pienamente le informazioni telerilevate sono generalmente relative alle condizioni fisiche dell'atmosfera, dell'acqua, o del terreno o, in alcuni casi, come per l'inquinamento, a misure chimico fisiche delle stesse. Un elemento importante per valutare l'utilità delle misure è rappresentato dal tempo con il quale queste vengono messe a disposizione dell'utente, ci sono infatti utilizzazioni che richiedono informazioni quasi in tempo reale, come nel caso del controllo dell'inquinamento, ce ne sono altre, invece, come la cartografia tematica, che necessitano di aggiornamenti differiti nel tempo. Questo elemento discriminante incide ovviamente sui mezzi e sui metodi di trasferimento delle informazioni e di elaborazione e, in ultimo, sul costo delle installazioni. L'insieme degli strumenti prima citati parallelamente alle moderne tecniche di analisi (interferometria SAR, analisi spettrale, alta risoluzione spaziale, ecc.) rappresentano un metodo pratico, sistematico ed economico di mantenere ed aggiornare le informazioni sul mondo che ci circonda ed in particolare nei seguenti campi di applicazione:

- *Agricoltura*: gestione dei processi produttivi, verifiche di dettaglio di appezzamenti e tipologie di colture, inventario e previsione dei raccolti, controllo delle proprietà, valutazione dei danni post-calamità, ecc;
- *Scienze Forestali*: cartografia forestale, gestione demaniale, monitoraggio aree deforestate o percorse da incendi, ecc.;
- *Geologia e Geologia Applicata*: cartografia geologica, esplorazioni marine e terrestri, valutazioni di impatto ambientale, monitoraggio di attività estrattive, subsidenze, movimenti franosi, ecc.;
- *Topografia e Cartografia Tematica*: realizzazione, gestione ed aggiornamento della cartografia, pianificazione territoriale, catasto, controllo dell'abusivismo edilizio, ecc.;
- *Ambiente*: classificazione multitemporale di uso e coperture del suolo, controllo e gestione dell'ecosistema, valutazioni di impatto ambientale, monitoraggio inquinamento, discariche e rifiuti urbani e industriali, gestione della rete idrica e aree umide, ecc. ;
- *Gestione del Rischio*: monitoraggio di frane, subsidenze, alluvioni, vulcani e terremoti e valutazione dei danni, localizzazione di aree inquinate, pianificazione delle strutture di pronto soccorso, ecc. ;

- *Difesa del territorio*: monitoraggio di obiettivi strategici, pianificazione e preparazione di missioni, verifica della pianificazione e degli accordi, controllo dell'industria estrattiva, ecc. ;

- *Mare e Aree Costiere*: gestione delle coste, fenomeni di erosione costiera, monitoraggio aree glaciali e periglaciali, pianificazione e controllo delle rotte nautiche, presenza di alghe, ecc. ;

- *Telecomunicazioni*: pianificazione e supporto delle reti di trasporto e navigazione a scala urbana e internazionale, ecc. ;

- *Media e Turismo*: cartografia, pubblicità, educazione, analisi di proprietà, valorizzazione del territorio, ecc. .

Le nuove tecniche di rilevamento quali la geodesia spaziale (sistema Global Positioning System - GPS), la topografia automatica, la fotogrammetria digitale ed il telerilevamento (sistemi Landsat, Spot, SAR, Ikonos, Quick Bird, ecc.), hanno profondamente cambiato i metodi di acquisizione di informazioni metriche e tematiche sull'ambiente e sul territorio. Contemporaneamente è divenuta fondamentale l'esigenza di interpretare e integrare tra loro le informazioni acquisite attraverso la cartografia numerica ed i sistemi informativi geografici (GIS).

1.2   Breve storia del telerilevamento

Storicamente si può collocare l'inizio del telerilevamento con la nascita e lo sviluppo della tecnica fotografica, che, unitamente alle proprietà delle ottiche di varia focale, ha permesso di estendere le possibilità di percezione per un osservatore, nonché di registrare in modo permanente le osservazioni. Si può dire che il telerilevamento abbia avuto

Fig. 1.2: piccioni per il telerilevamento

inizio nel 1840 quando le mongolfiere acquisirono le prime immagini del territorio con la macchina fotografica appena inventata. Probabilmente alla fine dell'ultimo secolo la piattaforma più nuova era la rinomata flotta di piccioni che operava come novità in Europa. La fotografia aerea diventò uno strumento riconosciuto durante la Prima Guerra Mondiale e lo fu a pieno durante la Seconda. L'entrata ufficiale dei sensori nello spazio cominciò con l'inclusione di una macchina fotografica automatica a bordo dei missili tedeschi V-2 lanciati dalle White Sands (New Mexico). L'avvento dello Sputnik nel 1957 rese possibile il montaggio di macchine da ripresa su navicelle in orbita. I primi cosmonauti e astronauti documentavano con riprese dallo spazio la circumnavigazione del globo. I sensori che acquisivano immagini in bianco e nero sulla Terra vennero montati su satelliti meteorologici a partire dal 1960. Altri sensori sugli stessi satelliti potevano poi eseguire sondaggi o misure atmosferiche su una catena di rilievi. Il telerilevamento raggiunse una successiva maturità, con sistemi operativi per l'acquisizione di immagini della Terra con una certa periodicità, nel 1970 con strumenti a bordo dello Skylab (e più tardi dello Space Shuttle) e su Landsat, il primo satellite espressamente dedicato al monitoraggio di terre e oceani allo scopo di mappare risorse culturali e naturali. Un sistema radar per l'acquisizione di immagini è stato il primo sensore a bordo di Seasat e negli anni '80 una varietà di sensori specializzati (CZCS, HCMM, e AVHRR) vennero messi in orbita come progetti di ricerca o fattibilità. A partire dal 1980 il Landsat è stato privatizzato ed in diverse nazioni, tra cui Francia, Stati Uniti, Russia e Giappone, ha avuto inizio un utilizzo più vasto e commerciale del telerilevamento. I grandi progressi nell'elaborazione di immagini al computer, e specie adesso la capacità dei personal computers di elaborare e gestire grosse quantità di dati, hanno reso possibile l'accesso di queste osservazioni satellitari alle università, agenzie gestionali, piccole compagnie di carattere ambientale e anche privati. Lo sviluppo concorrente e la crescita dei Sistemi Informativi Geografici (GIS) ha fornito un significativo aiuto all'integrazione dei dati telerilevati con altri tipi di dati spaziali. L'approccio GIS è adatto alla raccolta, integrazione ed analisi di informazioni che hanno valore pratico in molti settori di supporto alle decisioni nella gestione risorse, e nel controllo ambientale. La necessità di sviluppare sistemi di monitoraggio per l'osservazione dei cambiamenti nell'uso del suolo, la ricerca e la protezione delle risorse naturali e di tracciare le interazioni tra biosfera, atmosfera, idrosfera e geosfera sono diventate di prioritaria importanza per i manager, i politici e le popolazioni nelle nazioni sviluppate ed in via di sviluppo.

1.3   Principi fisici

Qualunque superficie esterna di un corpo e a temperatura superiore allo zero assoluto, emette radiazioni elettromagnetiche proprie che dipendono dalla temperatura propria del corpo e dalle caratteristiche fisiche-chimiche-geometriche della sua superficie, mentre riflette, assorbe o si lascia attraversare dalle radiazioni elettromagnetiche provenienti dall'esterno. La legge generale dell'emissione elettromagnetica fu enunciata da Plank nel dicembre del 1900 nella forma:

Fig. 1.3: interazione fra un oggetto e la radiazione elettromagnetica

$$W_\lambda = \frac{2\pi h c^2 \lambda^{-5}}{e^{\frac{ch}{\lambda kT}} - 1} \qquad \left[W \cdot cm^{-2} \cdot \mu m^{-1} \right]$$

con:

$\pi = 3,1415$

$c = 2,99 \cdot 10^{10} \qquad \left[cm \cdot s^{-1} \right] \qquad$ (velocità della luce nel vuoto)

$h = 6,62 \cdot 10^{-34} \qquad \left[W \cdot s^2 \right] \qquad$ (costante di Planck)

$K = 1,38 \cdot 10^{-23} \qquad \left[W \cdot s \cdot K^{-1} \right]$ (costante di Boltzmann)

$e = 2,718281828459045$

$\lambda =$ lunghezza d'onda $\left[\mu m \right]$

T = temperatura assoluta $[K]$

W_λ = potenza radiante per unità di superficie e di lunghezza d'onda

La legge di Plank così espressa è valida per una superficie di corpo nero, cioè per una superficie in grado di assorbire tutte le radiazioni elettromagnetiche su essa incidenti e nello stesso tempo in grado di emettere energia elettromagnetica in modo continuo su tutto lo spettro con massimo rendimento; in pratica la superficie di corpo nero è una superficie ideale, la cui legge di emissione è data proprio dalla legge di Plank. Si definisce corpo nero quella superficie in grado di poter assorbire tutte le radiazioni elettromagnetiche su essa incidenti e di poter emettere energia e.m. in modo continuo

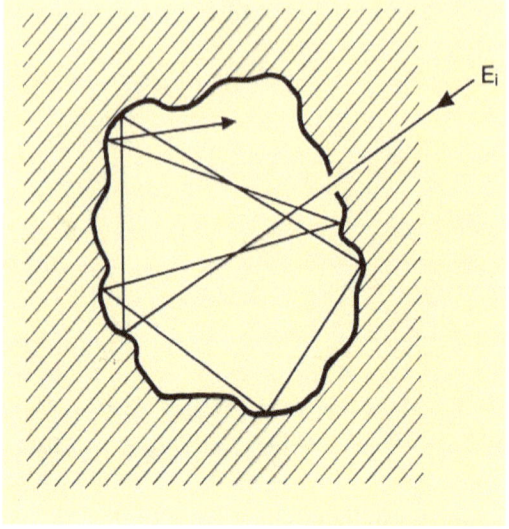

Fig. 1.4: comportamento della superficie di un corpo nero

su tutto lo spettro secondo la legge di Planck. Integrando la legge di Plank su tutto lo spettro si ottiene la potenza radiante per unità di superficie di corpo nero, il cui valore è oggetto della legge di Stefan-Boltzmann:

$$W = \int_{\lambda_1=0}^{\lambda_2=\infty} W_\lambda \cdot d\lambda = \sigma T^4 \qquad [W \cdot cm^2]$$

dove

$\sigma = 5,67 \cdot 10\text{-}12 \qquad [W \cdot cm^{-2} \cdot K^{-4}]$

La legge di Plank è una funzione dotata di un massimo di potenza per le varie temperature, ma prima ancora che fosse definita, nel 1893 Wien enunciò la legge che mette in relazione la lunghezza d'onda λ corrispondente al massimo di energia emessa da una superficie con il suo valore di temperatura T:

$$\lambda_{max} = \frac{2890}{T} \qquad [\mu m]$$

dove T (espresso in K) è la temperatura assoluta di corpo nero, cioè la temperatura che avrebbe una superficie di corpo nero che emette come la superficie in oggetto. Come già detto, le tre leggi enunciate sono valide solo per superfici ideali di corpo nero; per meglio chiarire la natura di tali superfici è necessario accennare alle interazioni fra una superficie S qualunque e le radiazioni elettromagnetiche su essa incidenti. Data una superficie S, siano:

- Ei : l'energia incidente sulla superficie S;
- Er: l'energia riflessa dalla superficie S;
- Ea: l'energia assorbita dalla superficie S;
- Et: l'energia trasmessa attraverso la superficie S.

Parte dell'energia incidente (Ei) verrà riflessa, parte assorbita (Ea), parte trasmessa (Et) in funzione dei seguenti parametri:

- Coefficiente di riflessione $\qquad \rho = Er / Ei \qquad 0 \leq \rho \leq 1$
- Coefficiente di trasmissione $\qquad \tau = Et / Ei \qquad 0 \leq \tau \leq 1$
- Coefficiente di assorbimento $\qquad \alpha = Ea / Ei \qquad 0 \leq \alpha \leq 1$

Questi tre coefficienti o parametri dipendono strettamente dalla natura fisica delle superfici e dal loro grado di rugosità o di lucidatura, come per esempio una superficie bianca ed uno specchio ($\rho = 1$ in entrambi i casi), e sono legati dall'equazione:

$\rho + \alpha + \tau = 1$

che esprime anche il principio di conservazione dell'energia:

Ei = Er + Ea + Et

I valori dei coefficienti si modificano con la temperatura solo quando questa determina un'alterazione delle caratteristiche chimico-fisiche e/o della rugosità delle superfici.

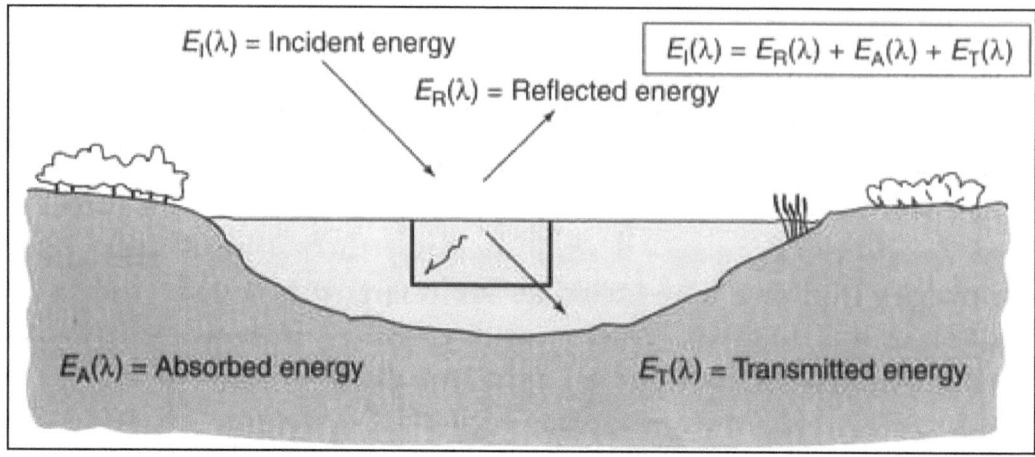

$$E_I(\lambda) = \text{Incident energy}$$
$$E_R(\lambda) = \text{Reflected energy}$$
$$E_I(\lambda) = E_R(\lambda) + E_A(\lambda) + E_T(\lambda)$$
$$E_A(\lambda) = \text{Absorbed energy} \qquad E_T(\lambda) = \text{Transmitted energy}$$

Fig. 1.5: principio di conservazione dell'energia

La variabilità dei valori dei coefficienti è in funzione della lunghezza d'onda: una superficie poco riflettente nella banda del rosso (es. un prato), può riflettere molto nella banda del verde e ancor più nel vicino infrarosso. Per quanto riguarda la capacità delle superfici dei corpi (posti a temperature superiori allo zero assoluto espresse in gradi Kelvin K) di emettere radiazioni elettromagnetiche, si deve puntualizzare che per una certa temperatura T:

- una superficie di corpo nero emette una potenza pari a σT^4 (legge di Stefan- Boltzmann), su tutto lo spettro ed in tutte le direzioni;

- una pari superficie di corpo non nero emette potenza pari a σT^4 su tutto lo spettro. Se inoltre emette in tutte le direzioni, si definisce "lambertiana".

Il coefficiente ε, con valori compresi tra 0 e 1, è il coefficiente di remissività, definito come il rapporto tra l'energia elettromagnetica emessa da una superficie reale posta a temperatura T e quella emessa da una pari superficie di corpo nero alla stessa temperatura T. Si può quindi definire come superficie di corpo nero una superficie ove il coefficiente di remissività ε sia uguale a 1. Kirchhoff dimostrò che :

$$\alpha = \varepsilon$$

cioè per una stessa superficie il coefficiente di assorbimento α è uguale al coefficiente di emissività ε; quindi un buon radiatore è anche un buon assorbitore. Perciò nell'equazione che lega i parametri di assorbimento, trasmissione e riflessione può essere inserito il coefficiente di emissività:

$$\sigma + \varepsilon + \tau = 1$$

cioè a parità di τ e per superfici opache, tanto più le superfici sono riflettenti tanto meno sono in grado di emettere radiazioni elettromagnetiche e viceversa. Bisogna inoltre notare che i quattro parametri sopra definiti sono funzioni della lunghezza d'onda λ.

1.4   Grandezze radiometriche e unità di misura

Sono diverse le grandezze e le rispettive unità di misura utilizzate nel telerilevamento. Un *radiante* [rad] rappresenta l'angolo piano al centro che su una circonferenza intercetta un arco di lunghezza uguale a quella del raggio; uno *steradiante* [sr] è l'angolo solido al centro che su una sfera

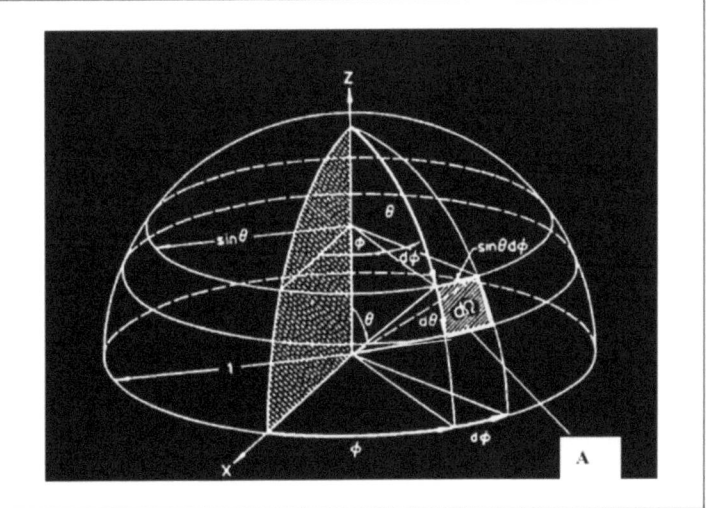

Fig. 1.6: rappresentazione grafica di uno steradiante

intercetta una calotta di area uguale a quella del quadrato del raggio.

➤ L'angolo solido sotteso dall'intera superficie sferica misura 4π steradianti, mentre la semisfera contiene π steradianti.

➤ L'energia radiante (Q) rappresenta l'energia trasportata dalle onde elettromagnetiche e si misura in Joule.

13

➤ Il flusso radiante o potenza radiante (Φ), rappresenta l'energia radiante trasferita da un punto o da una superficie ad un'altra nell'unità di tempo.

➤ L'irradianza (E) è il flusso radiante incidente su di una superficie unitaria.

➤ L'emittanza (M) è definita come flusso radiante uscente da una superficie unitaria.

➤ L'intensità radiante (I) e la radianza (L) si riferiscono alla radiazione secondo un certo angolo di osservazione, indicando rispettivamente il flusso radiante uscente da una sorgente per unità di angolo solido e il flusso radiante per unità di superficie e per unità di angolo solido, misurato su di un piano perpendicolare alla direzione considerata (si misura in watt/steradiante).

➤ La radianza (L) è un'importante grandezza radiometrica, perché descrive ciò che viene misurato nella realtà dai sensori utilizzati nel telerilevamento (si misura in watt/m^2*steradiante).

1.5   Lo spettro elettromagnetico

Lo spettro elettromagnetico è definito come l'insieme continuo delle onde elettromagnetiche ordinate secondo la loro frequenza, lunghezza o numero d'onda.

Il campo dello spettro delle onde elettromagnetiche può essere suddiviso, per comodità operativa, in regioni, a seconda della lunghezza d'onda.

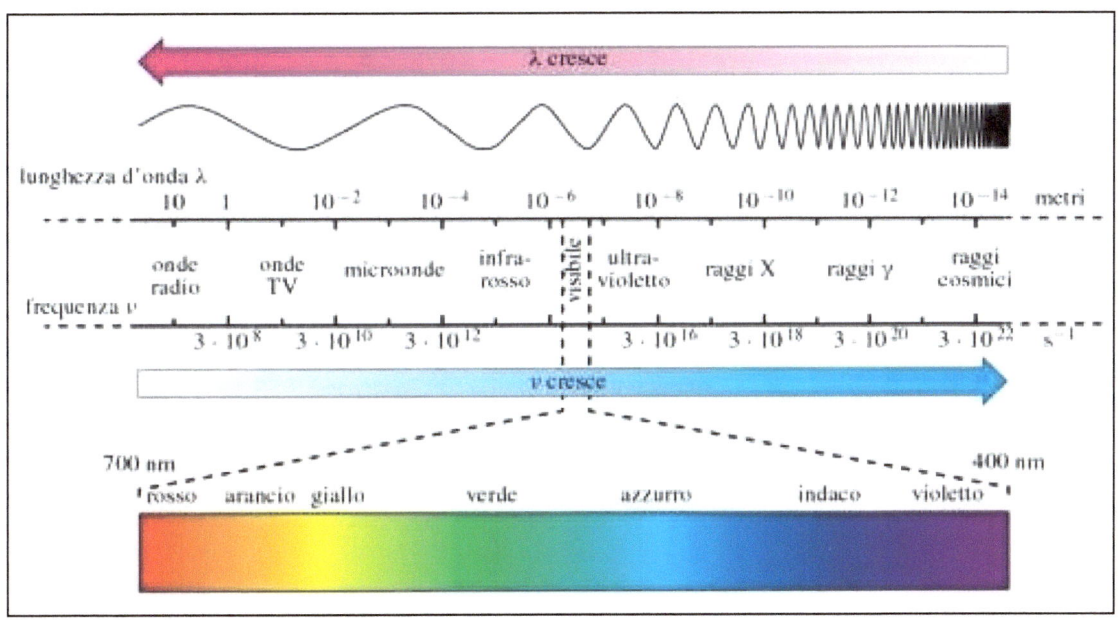

Fig. 1.7: lo spettro elettromagnetico

Le regioni che interessano il telerilevamento sono essenzialmente quelle elencate nella seguente tabella.

Ultravioletto (UV)	0,01 – 0,380 μm
Luce Visibile (V)	0,38 – 0,75 μm
Infrarosso Vicino (VIR)	0,75 – 1,75 μm
Infrarosso Medio (MIR)	1,5 – 6,0 μm
Infrarosso lontano o Termico (TIR)	6,0 – 20 μm
Microonde (MW)	0,1 – 100 cm

Visibile (0.4 – 0.7 µm)	Infrarosso (0.7µm–1 mm)
blu: 0.455 – 0.492 µm	N.I.R. vicino (0.7 – 1 µm)
verde: 0.492 – 0.577 µm	S.W.I.R. medio (1 – 3 µm)
giallo: 0.577 – 0.597 µm	T.I.R. termico (3 – 15 µm)
rosso: 0.622 – 0.700 µm	I.R. lontano (15 µm - 1 mm)

Fig. 1.8: le regioni che interessano il telerilevamento

L'energia elettromagnetica emessa dal Sole, fonte principale di energia del telerilevamento delle risorse terrestri, viene riflessa dalla superficie terrestre nel visibile e nell'IR vicino, mentre viene emessa e riflessa nell'IR medio ed emessa nell'IR lontano. Anche la superficie della Terra mostra una sua curva tipica di emittanza che, dato il valore della temperatura media di 300 K, risulterà inferiore a quella del Sole. L'irradianza del Sole, prima di giungere sulla Terra viene ridotta per due motivi:

- *la distanza Terra-Sole*, per effetto della quale l'energia solare ha un abbattimento di 2,16 x 10^{-5};

- *l'assorbimento atmosferico,* che influenza il rapporto radianza registrata/radianza originale (riflessa oppure emessa). L'azione di assorbimento è molto selettiva in quanto varia in funzione della lunghezza d'onda e di gas (o aerosol), molecole e particelle presenti nell'atmosfera.

La trasmissività (o trasparenza) dell'atmosfera alla radiazione solare è quindi variabile, restringendo le possibilità di rilevamento dei segnali solo nelle cosiddette 'finestre atmosferiche' definite in funzione della banda spettrale, dell'ora e del luogo delle riprese. Quelle normalmente più usate sono le finestre atmosferiche 1, 2, 3 e 6 indicate in Fig. 1.9, in cui gli effetti della riflessione dell'emissione sono ben separati.

Finestra atmosferica	Regione spettrale (μm)
1	0,3-1,3
2	1,5-1,8
3	2,0-2,6
4	3,0-3,6
5	4,2-5,0
6	7,0-15,0

Fig. 1.9: regioni spettrali delle finestre atmosferiche

Considerando le leggi di Plank e Wien, si può osservare che in natura vi sono essenzialmente due sorgenti di onde elettromagnetiche: il Sole e la Terra. Il flusso di radiazioni elettromagnetiche emesse dal Sole è complicato dalle grandi variazioni di temperatura che intervengono fra centro e superficie, e dalla relativa opacità di certe regioni dell'atmosfera solare a certe lunghezze d'onda. L'energia solare viene per lo più irradiata (48%) entro la regione del visibile, tra 0,4 e 0,7 μm di lunghezza d'onda. La Terra, ad una certa temperatura media superficiale di circa 300 K, irradia soprattutto nella banda dell'infrarosso termico, compresa tra 8 e 14 μm con il picco di potenza nei dintorni di 10 μm; contemporaneamente, la faccia esposta al Sole, riflette una parte dell'energia solare incidente. Esiste in ogni caso una banda, fra 2 e 3 μm, in cui l'energia mediamente emessa dalla superficie terrestre è confrontabile con quella mediamente riflessa dalla medesima, di origine solare: analisi in questo intervallo richiedono perciò una particolare attenzione. Le riprese multispettrali comprese tra 10,4 e 12,5 μm, nell'infrarosso lontano, sono definite termiche. L'aggettivo termico sta a significare che in questa banda la radiazione raccolta dai sensori è essenzialmente costituita da energia emessa dalle superfici, dipendente per la legge di Plank, dalla temperatura delle superfici stesse e dal coefficiente di emissività. I numeri digitali (DN) di un'immagine nell'IR-Termico rappresentano ognuno un valore di temperatura: l'immagine che si ottiene disegna, in questa banda, una mappa delle temperature apparenti delle superfici investigate di un corpo nero.

1.6   Firma spettrale

Quando l'energia elettromagnetica emessa dal Sole colpisce la superficie di un corpo opaco qualsiasi, questa viene in parte assorbita e in parte riflessa. La riflessione può essere speculare o mista, a seconda dell'oggetto o dell'angolo di vista. La porzione di energia riflessa nel visibile contiene informazioni spettrali inerenti anche al colore della superficie riflettente.

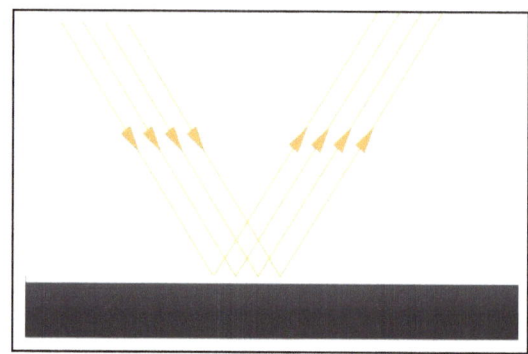

Fig. 1.10: riflessione speculare

Il telerilevamento nelle cosiddette bande ottiche si interessa proprio allo studio e alle misure delle caratteristiche di riflessione delle superfici in genere, al fine di identificare

Fig. 1.11: riflessione mista

superfici di iso-comportamento, che dovrebbero corrispondere a oggetti al suolo di natura simile. La percentuale dell'energia radiante incidente che viene riflessa (riflettanza) è determinata dalla struttura geometrica delle superfici, dalla natura e dalla composizione dei corpi e dalla presenza di pigmenti fogliari. E' possibile analizzare il valore della riflettanza di un corpo in relazione alle varie lunghezze d'onda dello spettro elettromagnetico mediante uno strumento chiamato spettroradiometro, e tracciare una curva riflettanza-lunghezza d'onda, caratteristica di una determinata superficie. Nella realtà tali curve di riflettanza permettono di riconoscere e individuare i tipi, le condizioni e le caratteristiche dei terreni, delle aree coperte da vegetazione e dei corpi idrici da cui sono state rilevate solo quando sono caratteristiche e distinguibili dalle altre curve rilevabili in una scena. In questi casi le curve sono definite *firme spettrali*.

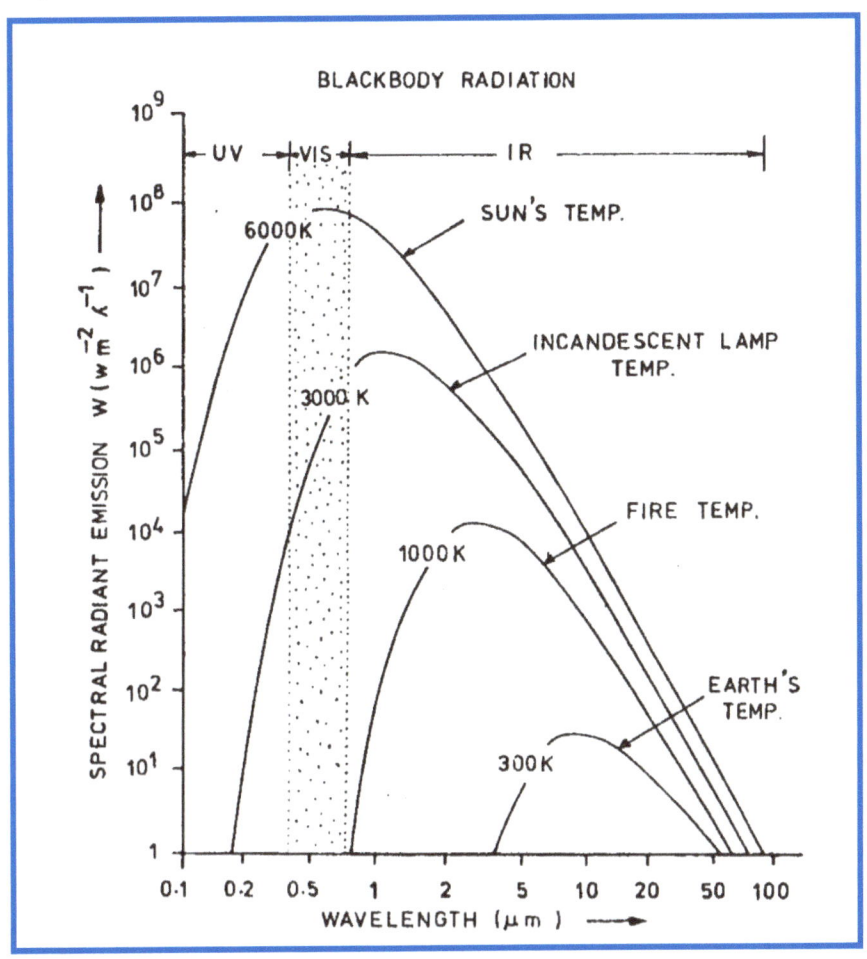

Fig. 1.12: curve di emittanza spettrale del corpo nero a differenti temperature

Il Corpo Grigio

La maggior parte, se non la quasi totalità, degli oggetti in natura, non può essere assimilata ad un corpo nero, da qui la necessità di definire i "corpi grigi" come quei corpi che non assorbono tutta la radiazione incidente su di essi, ma in parte la riflettono ed in parte la trasmettono; l'emissione per tali oggetti risulta quindi inferiore per qualunque lunghezza d'onda a quella di un corpo nero alla stessa temperatura.

1.7   Le tecniche di telerilevamento

Qualunque superficie esterna di un corpo, a temperatura superiore allo zero assoluto (per zero assoluto si intende lo zero della scala Kelvin, pari a -273.14 °C [K = °C + 273.14]) emette radiazioni elettromagnetiche proprie che dipendono dalla temperatura del corpo e dalla natura della superficie. Per ogni superficie si può perciò costruire un grafico, che ci informa sulle capacità di riflessione in funzione della lunghezza d'onda della radiazione incidente: questo grafico, caratteristico di ogni superficie, è appunto la firma o risposta spettrale.

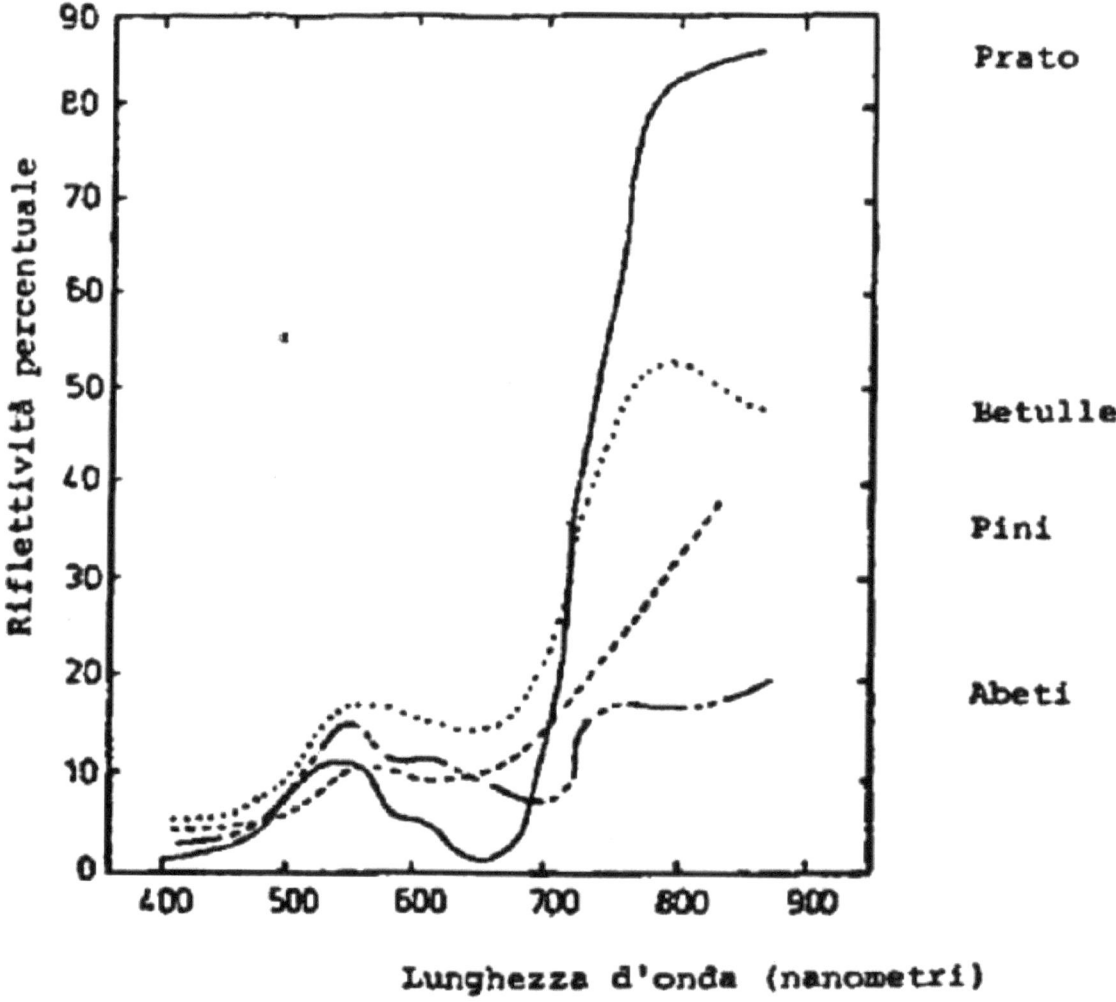

Fig. 1.13: capacità di riflessione in funzione della lunghezza di onda di alcuni vegetali

20

Questi grafici, corrispondenti al comportamento medio di alcuni vegetali indicano che tali superfici riflettono la luce soprattutto nelle bande del verde e dell'infrarosso, e poco nelle bande del blu e rosso. Dall'equazione $r + t + a = 1$ per corpi opachi si deduce che la vegetazione, riflettendo poco le radiazioni blu e rossa, ne assorbe una quantità maggiore, come in effetti accade in virtù dei meccanismi di fotosintesi. Ovviamente non solo la vegetazione ha dei comportamenti riflessivi variabili, ma anche ogni altro tipo di superficie; negli esempi che seguono sono riportati degli esempi di suoli con diverso contenuto di umidità.

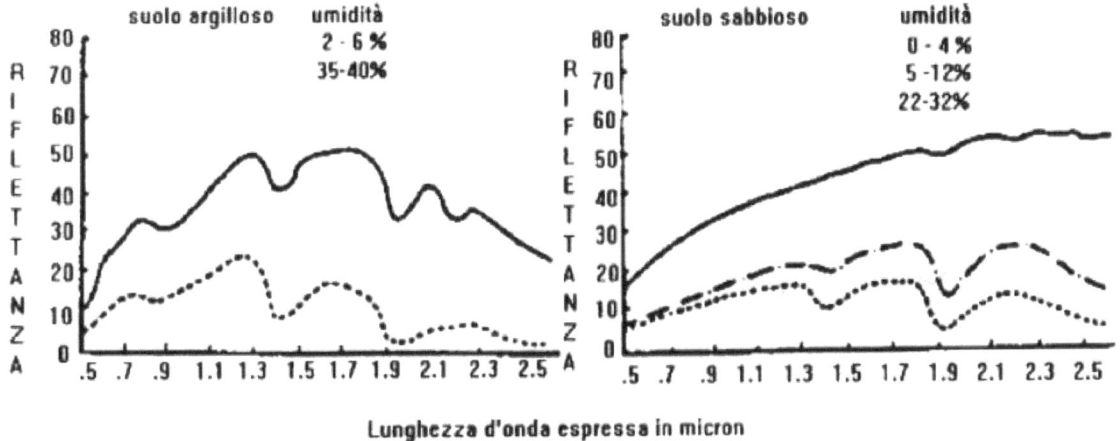

Fig. 1.14: capacità di riflessione dei suoli

Queste considerazioni stanno alla base delle tecniche sviluppate per il riconoscimento delle superfici con metodi tipici delle teleosservazioni: è chiaro, infatti, che se è possibile esplorare in varie lunghezze d'onda la luce riflessa da una superficie, ottenendo un grafico come quelli riportati, e se si dispone di una statistica di comportamento spettrale sufficientemente vasta, si può pensare di riconoscere la natura dell'oggetto investigato. A questo scopo sono stati sviluppati e costruiti strumenti atti a compiere misure in porzioni strette e contigue dello spettro elettromagnetico, suddividendo sia la luce visibile che quella invisibile in "bande", determinate dall'intervallo di lunghezza d'onda che coprono. Una considerazione importante è la seguente: appare chiaro che più strette sono le bande considerate - più piccolo cioè è l'intervallo di lunghezza di onda che esse abbracciano – più precisa risulterà l'indagine, essendo esse numerose; d'altra parte diminuendo l'ampiezza delle bande lo strumento di misura raccoglie meno energia specifica, aumentando contemporaneamente il "rumore" associato all'informazione. Si tratterà quindi per ogni problema di trovare un compromesso opportuno fra larghezza di banda, numero di bande, costo dello strumento, e risultati desiderati. E' importante anche tenere presente che aumentando il numero delle bande aumenta di conseguenza il tempo necessario ad elaborare i dati, e quindi aumenta il costo globale. I satelliti per le risorse terrestri, non effettuano "fotografie" della superficie terrestre, ma misurano la quantità di energia riflessa dai vari corpi presenti sulla superficie del suolo: il problema è di riuscire a stabilire una corrispondenza tra la quantità e la qualità dell'energia riflessa e la natura o lo stato dei corpi o delle superfici dai quali tale energia riflessa proviene. E' questo il compito dell'analisi spettrale, ovvero il significato di "firma spettrale". Quando l'energia elettromagnetica emessa dal sole colpisce un corpo sulla superficie del nostro pianeta, viene in parte assorbita e in parte riflessa. La riflessione può essere speculare. E' quello che avviene se la radiazione colpisce uno specchio d'acqua tranquilla. La riflessione speculare non dà informazioni sulla natura della superficie riflettente. La riflessione diffusa da superficie scabre o irregolari, invece, avviene uniformemente in tutte le direzioni e contiene informazioni "spettrali" sul colore e sulla natura della superficie riflettente. Nel telerilevamento siamo interessati proprio alle misure delle caratteristiche di "riflessione diffusa" dei suoli e delle superfici in genere. La percentuale dell'energia radiante incidente che viene riflessa (riflettanza) è determinata dalla struttura geometrica delle superfici, dalla natura e dalla composizione dei corpi (influiscono sulla riflettanza, ad esempio, il contenuto di acqua di un terreno o di una vegetazione oppure, al contrario, il contenuto di particelle solide in sospensione in un lago o in uno stagno) e dalla presenza o meno di pigmenti. Ad esempio la clorofilla assorbe fortemente l'energia radiante sulle bande di lunghezze d'onda intorno a 0.45 μm (blu) e 0.65 μm (rosso); riflette invece la radiazione verde, intorno alla lunghezza d'onda di 0.55 μm, che noi percepiamo visivamente come colore delle piante. In pratica è possibile analizzare il valore della riflettanza di un corpo in relazione alle varie lunghezze d'onda dello spettro elettromagnetico, mediante uno strumento chiamato spettroradiometro, con il quale è possibile tracciare una curva "riflettanza-lunghezza d'onda", caratteristica (almeno nelle condizioni di laboratorio) di un determinato corpo e di una determinata superficie.

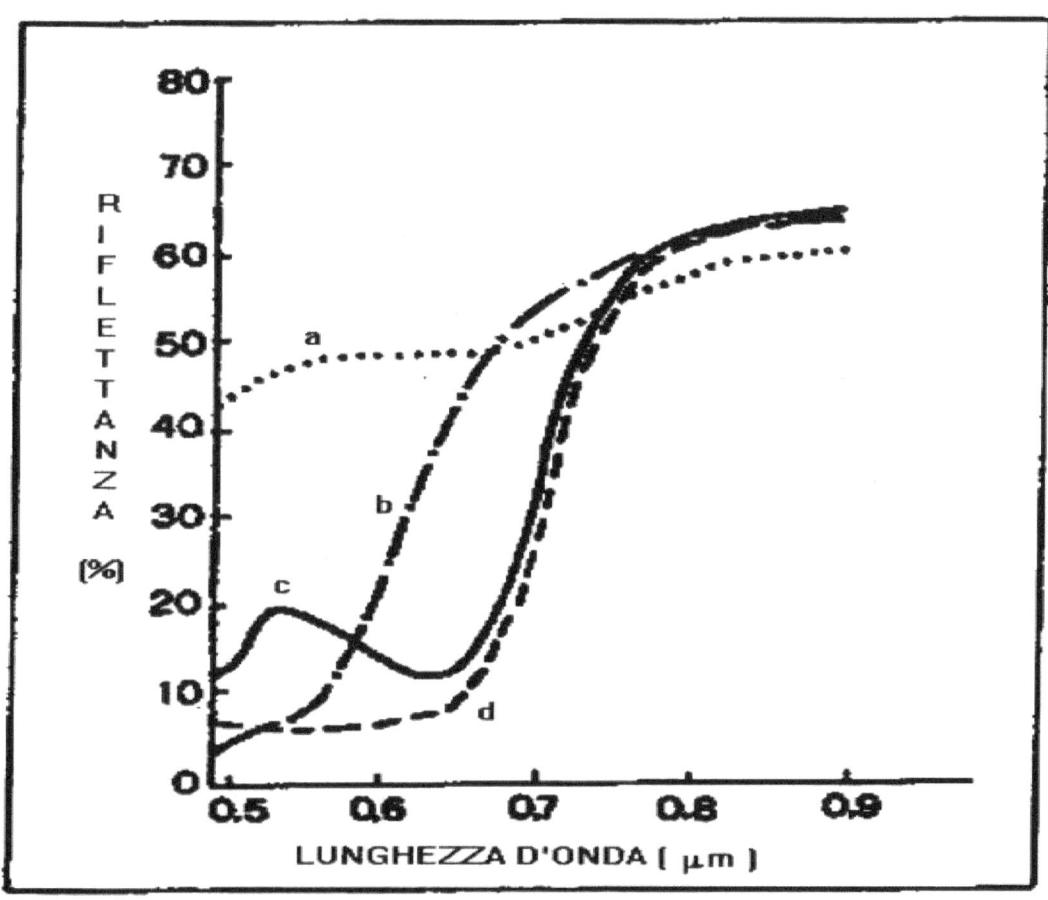

Fig. 1.15: variabilità della riflettanza delle foglie di Coleus (nell'intervallo di lunghezza d'onda tra 0,5 μm e 0,9 μm) in funzione della loro diversa pigmentazione: a, senza pigmenti; b, solo antociani; e, solo clorofilla; d,clorofilla e antociani.

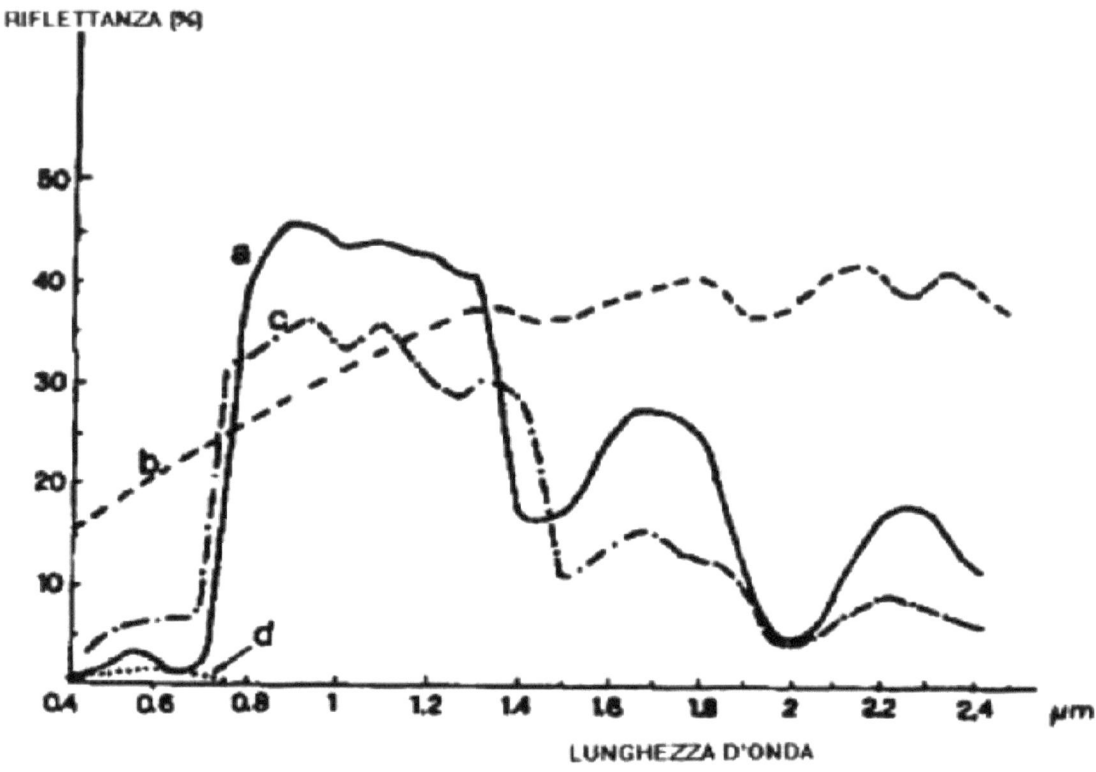

Fig. 1.16: curve tipiche di riflettanza spettrale del suolo erborato (a),
del suolo asciutto grigiobruno (b) del grano alto circa 60 cm (c) e dell'acqua (d).

Quando la raccolta di dati che utilizzi tecniche di telerilevamento avviene attraverso l'atmosfera terrestre, il risultato delle misure è influenzato dalle proprietà di trasmissione dell'atmosfera interposta fra superficie in osservazione e sensore. In genere l'atmosfera non offre un contributo utile alla descrizione delle superfici teleosservate, agendo come un velo spesso ineliminabile, e limita le caratteristiche del sensore impiegato. La trasparenza di questo "velo atmosferico" è molto diversa da zona a zona dello spettro elettromagnetico e, anche dove essa è più propizia alle riprese, i suoi valori possono subire rapidi mutamenti al variare delle condizioni meteorologiche. Nella realtà operativa quindi le curve di riflettanza spettrale non sono così caratteristiche come quelle illustrate, bensì variano notevolmente a causa della variabilità delle condizioni ambientali degli strati di atmosfera attraversati (temperatura, pressione, umidità, ecc.). Si deve tener conto, inoltre, del fatto che ai sensori che misurano le riflettanze spettrali giunge l'energia riflessa non da ciascun singolo punto di un campo osservato, ma dall'insieme dei punti che costituiscono l'area elementare di rilevazione, o *"pixel" (contrazione di Picture-Element)* nella direzione e nell'istante di osservazione. Se la vegetazione, la composizione, il colore e l'umidità del suolo non sono uniformi entro il pixel osservato, la curva di riflettanza spettrale relativa a tale pixel è composita; in questo caso riconoscere una firma spettrale può essere difficile o impossibile.

I fattori che producono variazioni nelle curve di riflettanza spettrale possono essere statici, come la pendenza e l'esposizione del terreno, o dinamici. I fattori dinamici provocano differenze di risposta spettrale di una stessa area elementare nel corso del tempo e tra di essi vi sono: lo stadio fenologico delle colture erbacee, le loro condizioni fitosanitarie e il grado di copertura del terreno, l'umidità superficiale del suolo, la trasparenza atmosferica e la posizione del sole. Le variazioni dell'angolo di elevazione del sole provocano differenze nella riflettanza della "scena" vista dai sensori spaziali, che dipendono anche dal tipo di suolo. Ad esempio la riflettanza della sabbia è più sensibile alle variazioni di illuminazione solare che non le riflettanze dei terreni coperti da vegetazione.

1.8   Risoluzione degli strumenti per il telerilevamento

Ogni strumento è caratterizzato da diverse risoluzioni e variano in relazione alle diverse modalità di osservazione degli oggetti.

➤ La *risoluzione geometrica* è in relazione alle dimensioni dell'area elementare al suolo di cui si rileva l'energia elettromagnetica; un'immagine telerilevata è costituita da elementi base detti *pixel* (picture element). Data un'immagine digitale si dice pixel ognuna delle superfici elementari che la costituiscono. Ogni pixel è caratterizzato da due coordinate che individuano la sua posizione nell'immagine ed il Numero Indice Digitale (DN). La dimensione al suolo del pixel dipende dall'altezza di ripresa e dalle caratteristiche del sensore e può variare da un metro fino a più chilometri.

➤ Per *risoluzione spettrale* si intende l'intervallo di lunghezze d'onda a cui è sensibile lo strumento.

➤ La *risoluzione radiometrica* è la minima energia in grado di stimolare l'elemento sensibile affinché produca un segnale elettrico rilevabile dall'apparecchiatura, oltre il rumore intrinseco, connessa alla capacità che ha il sensore di rilevare l'intensità del segnale elettromagnetico proveniente dagli oggetti investigati. E' definita da 1/256 nel caso di 8 bit, 1/128 per 7 bit, 1/64 per 6 bit, ecc.; esiste cioè un intervallo minimo di radianza $\Delta\lambda$ che sta in un Numero Digitale (DN).

➢ Per *risoluzione temporale* si intende invece il periodo di tempo che intercorre tra due riprese successive di una stessa area.

1.9   La correzione degli errori

I dati-immagine, acquisiti dalle stazioni riceventi, sono tagliati in blocchi variabili per ciascun tipo di satellite. Come si è detto, i dati trasmessi a terra sono affetti da errori di vario tipo: sono errori geometrici e radiometrici. La posizione di ogni pixel osservato deve essere esattamente individuata geograficamente. Gli errori geometrici non consentono l'esatta individuazione di tale posizione.

Alcuni degli errori geometrici più importanti sono:

➢ errore causato dalla curvatura della terra;

➢ errore dovuto alla rotazione della terra e al simultaneo spostamento della traccia a terra del satellite durante un ciclo di osservazione;

➢ errori dovuti alle variazioni di assetto del satellite;

➢ errore dovuto alle variazioni di altezza del satellite, che provoca un effetto di variazione di scala durante l'acquisizione di un'immagine.

Come si è detto, questi errori vengono compensati dalla stazione ricevente per mezzo di opportuni programmi di correzione computerizzati. Malgrado ciò restano errori residui che devono essere eliminati o ridotti a cura dell'utente. I numeri codificati relativi a un pixel generico non rappresentano sempre correttamente i livelli di energia relativi alle varie lunghezze d'onda, a causa degli errori radiometrici. Una prima causa di errore è l'aggiunta di una componente di radiazione dovuta a diffusione di energia radiante da parte dell'atmosfera, che diminuisce il contrasto delle immagini. Per eliminare questa che potremmo chiamare "componente luminosa dovuta all'aria", si suppone che i pixel cui si associa il valore minimo di riflettanza abbiano in effetti riflettanza zero. Detto valore minimo viene, allora, sottratto da tutti i numeri che costituiscono l'insieme dei dati digitalizzati relativi a un dato territorio. Questa procedura è nota come rimozione della foschia. La seconda causa di errore radiometrico è dovuta ai sensori, che non hanno "guadagni" identici costanti nel tempo. In altre parole la "risposta" dello strumento può essere diversa pur in presenza di uguali livelli di riflettanza. I dati che essi forniscono devono perciò essere calibrati a ogni ciclo di rilevazione mediante il confronto con una sorgente luminosa a radianza nota interna al sistema.

1.10 Elaborazione delle misure, interpretazione e classificazione

I dati registrati su supporto digitale - *Computer Compatible Tabe* (CCT) - sono pronti per essere elaborati in funzione delle utilizzazioni volute. Poiché, come si è detto, nonostante la correzione automatica effettuata dalla stazione ricevente, permangono alcune distorsioni, prima di procedere all'elaborazione dei dati può essere eseguita una correzione ulteriore delle distorsioni sfruttando "punti di controllo" a terra (G.C.P. – Ground Control Point). Detti punti possono essere costituiti ad esempio da incroci fra grandi strade, piccoli specchi d'acqua, o altri punti di riferimento facilmente riconoscibili su carte dettagliate del territorio considerato e sulle immagini satellitari. Nel processo di correzione vengono individuati numerosi punti di controllo esprimendone le coordinate vere (note) e quelle risultanti dall'immagine satellitari. Tali valori vengono sottoposti poi a un'elaborazione (analisi di riflessione) su computer in modo che i dati originali distorti siano posti in corrispondenza di quelli geometricamente corretti. Questa elaborazione consente un processo di "ricampionamento" che si esegue trasferendo i valori delle riflettanze spettrali dalla configurazione "originale" dei pixel (come rilevati dal satellite) alla configurazione geometricamente corretta. Dopo le correzioni degli errori, le immagini possono essere ulteriormente migliorate agendo sui valori digitalizzati dell'insieme dei dati. Si intuisce la delicatezza di tale operazione che "modifica" i dati ottenuti. Nell'insieme di tali dati, infatti, alcuni valori si ripetono con elevata frequenza, altri con frequenza bassa o molto bassa. Tenuto conto di ciò, essi si possono raggruppare in relazione alla loro frequenza, in modo da concentrare l'attenzione su quelli più frequenti e quindi più interessanti, e da scartare quelli poco frequenti e quindi poco rappresentativi. Questa procedura porta ad esempio a contenere il numero dei "toni di grigio", in modo che l'immagine risulti più chiara e più leggibile. A tal fine, una volta raccolti, corretti e migliorati i dati, si tratta di "estrarre" le informazioni che essi contengono. Una procedura molto usata è quella detta di classificazione con apprendimento (supervised classification). In tale processo si definiscono categorie di siti considerate come significative o interessanti e si determina, poi, la possibilità di distinguere le loro firme spettrali. In un primo stadio del processo (o training) si registrano i valori numerici delle firme spettrali tipiche delle categorie considerate. In un secondo stadio di classificazione, i valori delle firme spettrali di ciascun pixel vengono confrontati con quelli tipici di ciascuna delle categorie suddette. Ogni pixel viene assegnato alla categoria i cui valori sono più vicini. Se i valori di un pixel sono lontani, oltre una certa soglia, da quelli di ogni categoria già definita, il pixel viene considerato come incerto e non assegnato ad alcuna classe. In un terzo stadio l'attribuzione dei pixel alle varie categorie viene rappresentata su di una carta geografica, ad esempio attribuendo ai pixel certi valori convenzionali. Si possono così ottenere carte dell'uso del suolo. Ovviamente risulta anche possibile ricavare informazioni statistiche varie sulla base delle attribuzioni fatte. Potrà essere determinata l'area totale di tutti i pixel che appartengono a una certa classe. Se la classe, ad esempio è quella dei pixel coperti da neve, si potrà dedurre la superficie totale coperta da neve di un certo bacino. Potrà accadere che alcune delle classi spettrali individuate corrispondano in realtà a più categorie informative. Se, ad esempio, una classe spettrale talora corrisponda a boschi di conifere e altre volte a boschi cedui, i due tipi di boschi non potranno essere distinti sulla base delle informazioni spettrali. E' evidente che se questo accade utilizzando i dati del *Multi Spectral Scanner* (MSS), approfondito nel capitolo seguente, non è detto che accada anche con i dati del sensore *Thematic Mapper* (TM), che per le caratteristiche delle due bande di rilevazione (particolarmente strette e quindi selettive) e per la sua elevata capacità di risoluzione spaziale (30 m), può cogliere differenze che "sfuggono" a strumenti meno sensibili.

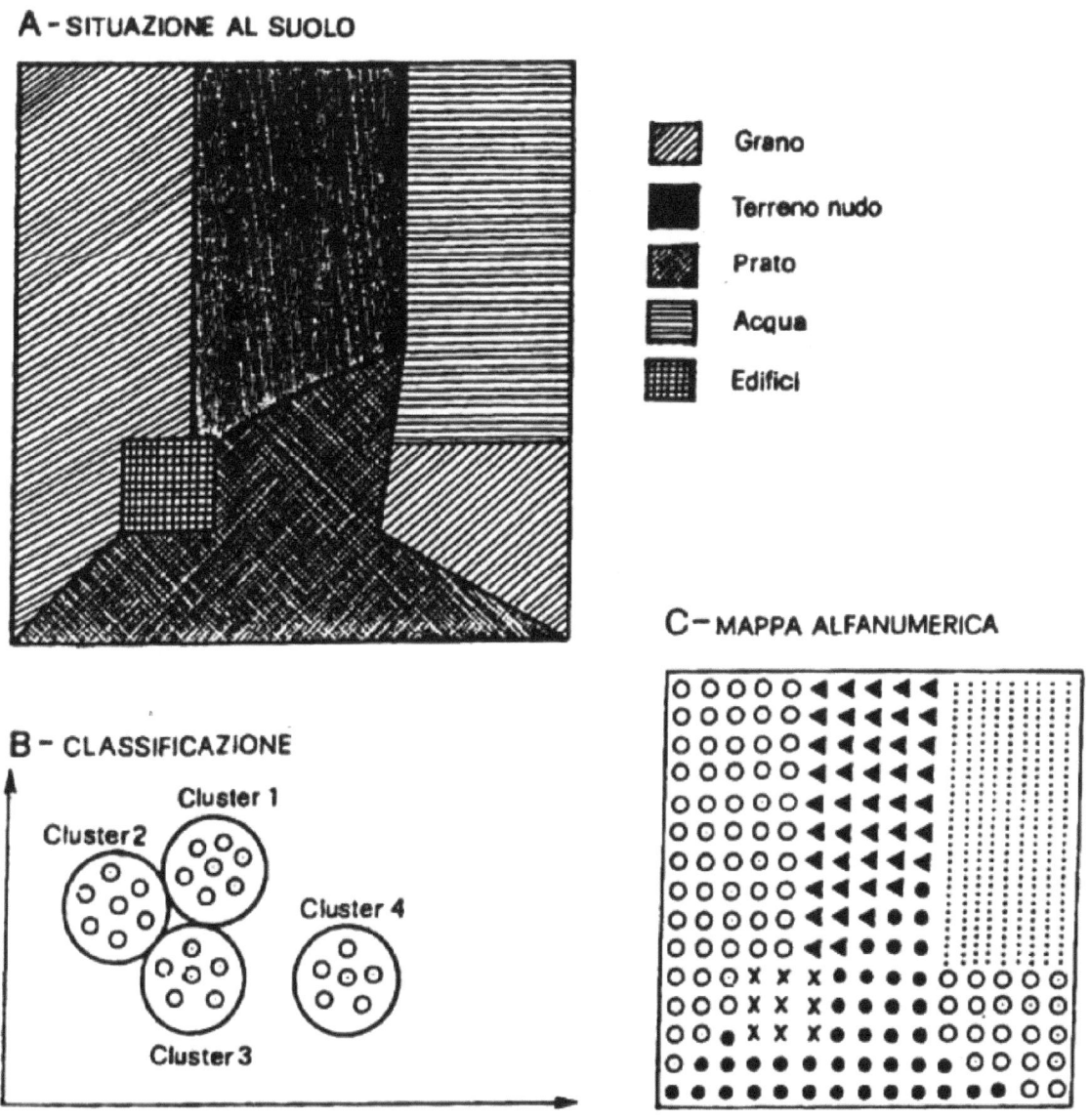

Fig. 1.17: carte di uso del suolo

CAPITOLO II: PIATTAFORME E SENSORI: SATELLITI PER LE RISORSE TERRESTRI

Le tecniche di remote sensing possono essere applicate utilizzando strumenti montati su diversi tipi di supporto o, in linguaggio tecnico, piattaforme di osservazione. Ciascuna piattaforma, mobile o stabile, ha le proprie caratteristiche. Da un punto di vista generale tre sono i tipi di base di osservazione di interesse per il remote sensing: le piattaforme per le osservazioni al suolo, da mezzo aereo e da satellite. L'aeroplano può essere impiegato:

a) alle basse e medie altezze (1.500-3.000 m) per osservazioni di interesse locale e riguardanti aree limitate;

b) ad alta quota per disporre di informazioni su aree estese.

Particolarmente adatti a una osservazione sinottica di aree vaste sono invece soprattutto i satelliti.

2.1 Landsat

Landsat è un insieme di satelliti che osservano la Terra. I dati da loro collezionati sono stati usati per oltre 30 anni per studiare l'ambiente, le risorse, e i cambiamenti naturali e artificiali avvenuti sulla superficie terrestre. La messa in orbita dei satelliti Landsat ha iniziato l'era delle osservazioni della terra per motivi non-militari. Oggi molti dati vengono collezionati con la metodologia usata dai satelliti Landsat da una parte sostanziale dei sistemi satellitari costruiti da varie nazioni e imprese commerciali. Il formato dei dati Landsat sono lo standard per le osservazioni terrestri e va sottolineato che Landsat è l'unico sistema che colleziona, archivia e distribuisce dati per l'intera superficie terrestre. I satelliti di tipo Landsat operano su orbite circolari, quasi polare, sincrone con il Sole, posti ad altezze di circa 920 km (prima generazione) e 705 km (seconda generazione). Il Landsat compie un'orbita ogni 103 minuti; completa quindi 14 orbite al giorno e riprende l'intera Terra ogni 18 giorni (ciò nei Landsat 1, 2 e 3 di prima generazione). Nei Landsat 4 e 5, di seconda generazione, l'orbita è stata studiata in modo che il satellite copra ogni 16 giorni la stessa area con passaggio alle 10:30 circa, ora solare del mattino, alle nostre latitudini. Nell'ambito del programma ERTS della NASA sono stati lanciati sette satelliti. La Terra viene osservata lungo una striscia dell'ampiezza di circa 185 km, con un orientamento approssimativo nord-sud. Le informazioni rilevate dagli strumenti di bordo e codificate in sequenze di cifre binarie da un convertitore analogico-digitale vengono poi trasmesse a terra e ricevute da una stazione al suolo in contatto radio diretto in linea d'aria con il satellite. Le informazioni relative alle zone non coperte dalle stazioni vengono registrate su nastro a bordo del satellite e trasmesse alle stazioni riceventi all'atto del passaggio del satellite nella loro area di ricezione, oppure inviati a satelliti geostazionari TDRSS (*Tracking Data Relay Satellite Systems*) che rimbalzano i dati a terra. Nella prima generazione, i satelliti Landsat 1, 2, e 3, avevano a bordo il sistema multispettrale *Return Beam Vidicon* (RBV), poi abbandonato, ed il *Multi Spectral Scanner* (MSS), operativo anche sui Landsat 4 e 5. Il primo era un particolare tubo di vidicon, in 3 bande spettrali nel verde, rosso e vicino infrarosso che sfruttava il fascio di elettroni per creare immagini riprodotte poi in un segnale video come in una telecamera. L'MSS è caratterizzato da 4 bande spettrali con pixel di 80 m x 60 m. Dalla seconda generazione i satelliti Landsat trasportano il *Thematic Mapper* (TM), caratterizzato da 7 bande spettrali, con rappresentazione radiometrica a 8 bit. Le parti fondamentali che lo costituiscono sono:

- uno specchio che oscilla attorno ad un asse parallelo alla direzione di volo, realizzando così una scansione trasversale della scena;
- un sistema di rilevatori, 16 per ognuna delle bande spettrali da 1 a 5 e per la 7, con un campo istantaneo di vista (IFOV) capace di una risoluzione a terra di 120 m x 120 m.

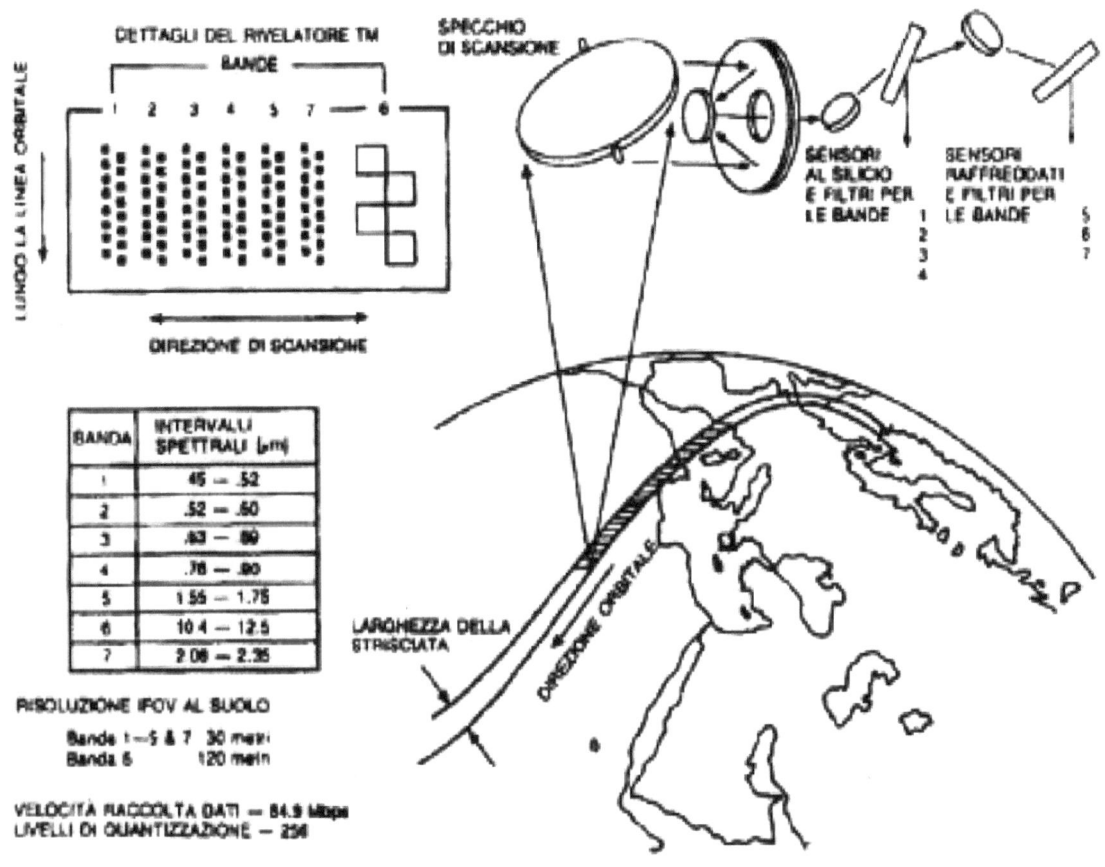

Fig. 2.1: caratteristiche del sistema di ripresa Thematic Mapper

Nel TM la radiazione proveniente dalla scena che colpisce i rivelatori è trasformata in un segnale elettrico che viene digitalizzato a 8 bit, rappresentando numeri indice da 0 a 255. Le bande spettrali di funzionamento dei rivelatori permettono la ripresa multispettrale della stessa scena.

L'ETM+ (*Enhanced Thematic Mapper Plus*), è un sensore montato a bordo del satellite Landsat 7. Questo tipo di sensore va a sostituire dal 1999 il sensore TM che era montato sui satelliti Landsat precedenti. Rispetto al precedente sensore, il numero e le caratteristiche delle bande spettrali sono rimaste invariate, con la differenza che, con il nuovo sensore, si è in grado di riuscire ad ottenere immagini con una risoluzione geometrica nel visibile di 60 metri, invece dei precedenti 120. Utilizzando inoltre la banda pancromatica, è possibile spingere oltre la risoluzione geometrica, fino ad ottenere quella di 15 centimetri, che fa il Landsat 7 un satellite ad alta (non altissima) risoluzione geometrica. Fra i sensori più ampiamente utilizzati, TM ed ETM+ sono gli unici che coprono i tre colori di base (RGB) nello spettro del visibile: le relative bande possono quindi essere utilizzate per produrre immagini a colori reali.

Fig. 2.2: SATELLITE LANDSAT 7 - SENSORE ETM

Vercelli, Italy Bands 4 5 3 + Pan (aree in rosa = risaie)

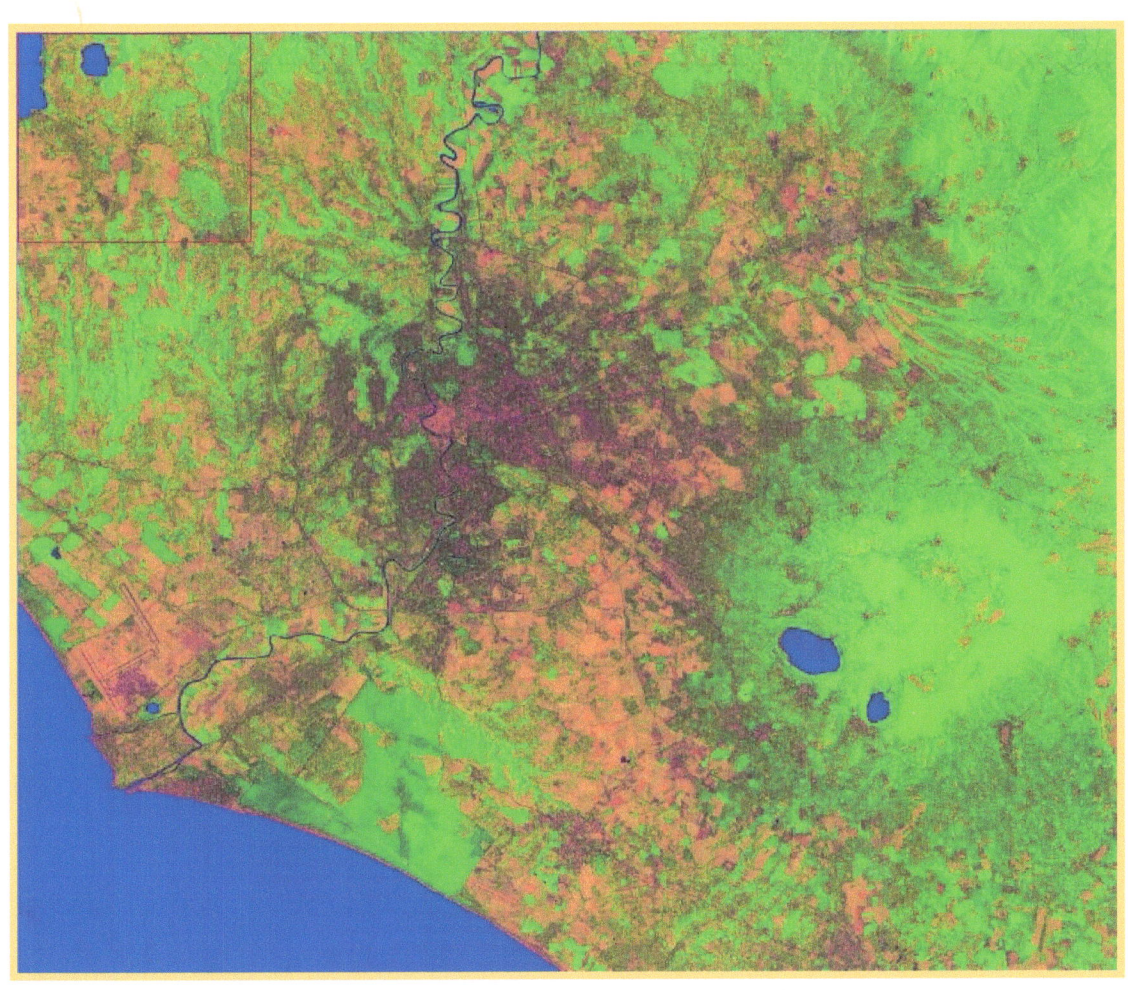

Fig. 2.3: SATELLITE LANDSAT 7: SENSORE TM -Immagine dell'area prospiciente il Comune di Roma ripresa dal satellite Landsat-TM. La rappresentazione in falsi colori è stata ottenuta dalla sintesi additiva dei rapporti di bande spettrali TM5/TM4, TM4/TM1 e TM2/TM4 rispettivamente in R-G-B.

2.2   Spot

Lo SPOT (acronimo per Satellite Pour l'Observation de la Terre) è un satellite artificiale commerciale per l'osservazione satellitare della Terra progettato e realizzato dal CNES (*Centre National d'Etudes Spatiales*). I satelliti SPOT hanno un'orbita circolare, quasi polare, eliosincrona ad una quota di 832 km. Essi ricoprono la stessa zona terrestre, alla stessa ora (10:30 am locali all'equatore) ogni 26 giorni (con visione nadirale). La strumentazione a bordo è costituita da due strumenti di osservazione che definiscono il sistema *High Resolution Visibile* (HRV). Una delle caratteristiche chiave degli strumenti SPOT è la possibilità di visione al di fuori del Nadir; gli strumenti possono cioè vedere lateralmente da ambo le parti rispetto alla traccia. Le possibilità introdotte da questa caratteristica sono di poter incrementare le coperture di una certa area ad intervalli compresi tra 1 e 26 giorni. Questo permette il monitoraggio localizzato di fenomeni che evolvono in un tempo molto rapido. Un'ulteriore possibilità è la raccolta, durante passaggi successivi del satellite, di coppie stereoscopiche di immagini di una certa area. Le principali applicazioni ed utilizzazioni delle immagini continuamente inviate dal sistema SPOT sono:

> studi sull'uso del suolo (uso agricolo, pianificazione, ecc.);
>
> accertamento e studio delle risorse rinnovabili (agricoltura, boschi, biomassa, ecc.);
>
> lavori cartografici a media scala (1:100.000÷1:50.000);
>
> sviluppo di nuovi tipi e più frequenti aggiornamenti delle mappe tematiche a scale intorno a 1 : 50.000 e minori.

nadirale al suolo.

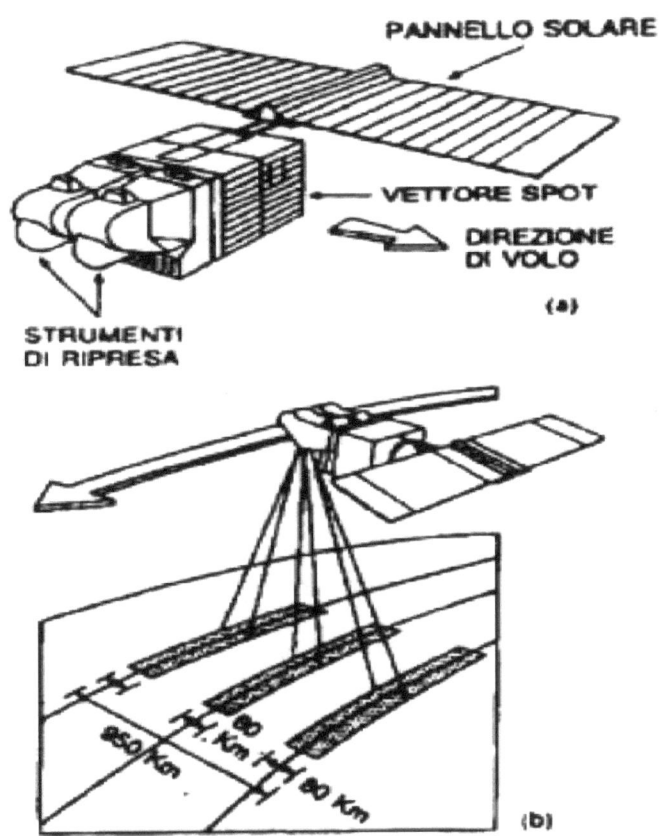

Fig. 2.4: (a) Il satellite francese SPOT e
(b) schema della visione nadirale dello strumento HRV Pancromatico

Il "passo di campionamento" scelto per lo strumento corrisponde, in presa nadirale, ad un elemento osservato al livello del suolo (pixel) di 10 m di lato nel primo caso, e di 20 m di lato nel secondo caso. Questa scelta è adatta all'osservazione di quelle particelle agricole di piccole dimensioni che sono comuni in molti paesi e risponde nello stesso tempo alle esigenze cartografiche attuali. Il satellite SPOT 5, lanciato con successo il 4 maggio 2002 dalla Guiana Space Centre, Kourou, è operativo dal 16 luglio 2002. Esso continua la missione dei precedenti satelliti SPOT 1 – 4 che, lanciati a partire dal 1986, sono tuttora in orbita. Il satellite Spot 5 monta a bordo strumenti tecnologicamente innovativi:

> HRG (High Resolution Geometric);

> HRS (High Resolution Stereoscopic).

La risoluzione geometrica dei dati del satellite Spot 5 è fino a 4 volte maggiore di quella dei dati Spot da 1 a 4:

> 5 metri e 2.5 metri del pancromatico, invece di 10 metri;

> 10 metri del multispettrale, invece di 20 metri.

La dimensione delle immagini è la stessa dei satelliti Spot 1-4: 60 km x 60 km; oppure 60 km x 120 km quando sono usati i due strumenti HRG di cui il satellite dispone. Grazie al nuovo strumento HRS a bordo dello Spot 5, sarebbero inoltre possibili, solamente per la produzione di modelli digitali del terreno, acquisizioni simultanee di stereocoppie con una larghezza (swath) eccezionalmente ampia: difatti le stereocoppie sono di dimensione 600 km x 120 km. Questi prodotti offrono un'eccellente accuratezza senza punti di controllo, indicata in:

> accuratezza in altezza (z): migliore di 10 metri;

> accuratezza di localizzazione: migliore di 15 metri.

Caratteristiche specifiche del modo pancromatico PA:

> risoluzione a terra: 2.5 metri in modalità SUPERMODE;

> radiazione misurata: banda unica dello spettro elettromagnetico corrispondente al visibile, con esclusione del blu (0.51- 0.73 micron).

Il processamento denominato SUPERMODE offre un miglioramento della risoluzione geometrica, in modalità pancromatica, da 5 metri a 2.5 metri, e permette anche di produrre, attraverso la combinazione con le bande multispettrali a 10 metri di risoluzione, immagini a colori a 2.5 metri di risoluzione. Ideato dal CNES, l'Agenzia Spaziale Francese, produce un'immagine a 2.5 metri di risoluzione attraverso due immagini pancromatiche, acquisite simultaneamente, a 5 metri di risoluzione. Il processo SUPERMODE viene effettuato in parte a bordo del satellite, in parte a terra: l'immagine viene acquisita, a 5 metri, da due sensori, con uno sfalsamento tra di loro (offset) nel piano della focale di mezzo pixel, sia orizzontalmente che verticalmente. Le due immagini a 5 metri di risoluzione, attraverso successivi processi di interpolazione, producono un'immagine con 2.5 metri di risoluzione effettiva. Caratteristiche specifiche del modo multispettrale XI:

➢ risoluzione a terra: 10 metri (la banda 4 ha una risoluzione effettiva di 20 metri, ma viene fornita ricampionata a 10 metri, per uniformità con le rimanenti tre bande);

➢ spettro di radiazione osservata: 4 bande spettrali (corrispondenti al verde, rosso, infrarosso vicino e infrarosso medio dello spettro elettromagnetico).

2.3 Eros

La missione EROS, composta da 6 satelliti pancromatici dedicati all'osservazione del territorio ad alta ed altissima risoluzione, rappresenta un vero e proprio atout nel campo del Remote Sensing di ultima generazione. La missione di proprietà di ImageSat International Ltd vede attualmente in orbita il primo dei 6 satelliti, ossia EROS A1, lanciato il 5 Dicembre 2000 dal poligono di Svobodny in Siberia. Il satellite posto in orbita circolare eliosincrona ad una altitudine di 480 km orbita intorno alla terra circa 15 volte al giorno trasmettendo i dati delle immagini in tempo reale a 16 stazioni riceventi nel mondo e rappresentano la più folta schiera di *Ground Remote Station* (GRS) dedicate ad una singola missione. Il satellite monta a bordo un sensore pancromatico CCD (*Charged Couplet Device*) di tipo *pushbroom* con risoluzione radiometrica a 11 bit con 2.048 livelli di grigio (risoluzione geometrica 1,8/1,0 m). Le immagini con la risoluzione a 1 m vengono spedite direttamente dal satellite a terra, e non sono oggetto di una elaborazione successiva (si ottengono tramite un uso più ampio dell'*integration time*): non sono quindi da considerarsi prodotti a valore aggiunto, ma immagini ad una diversa risoluzione. Un particolare estremamente significativo della missione EROS, che con le sue 16 stazioni di ricezione copre il 75% delle terre emerse, è rappresentato dal registratore a stato solido montato a bordo dei satelliti ed in grado di garantire una copertura completa di tutta la Terra. L'informatica per il territorio S.r.l. (IPT) è l'azienda responsabile in esclusiva delle acquisizioni del satellite EROS A1 nel bacino del Mediterraneo con la sua Stazione

Satellitare Multimissione ubicata in Sardegna. I satelliti EROS di classe B montano a bordo sia sensori pancromatici che multispettrali con risoluzione radiometrica a 10 bit con 2.048 livelli di grigio e risoluzione geometrica a 0,69 m nel pancromatico e 2,76 m nel multispettrale. I satelliti EROS sono estremamente manovrabili a fronte del ridotto peso, circa 250 kg al momento del lancio, e possono essere puntati e stabilizzati in breve tempo sul sito di interesse del cliente a partire da una ripresa al nadir (perpendicolarmente alla superficie), fino a raggiungere un'inclinazione massima di ripresa pari a 45° con azimuth selezionabile nei 360°. La capacità di osservazione inclinata del satellite permette già solo con il satellite EROS A1 in orbita di osservare qualsiasi sito sulla terra da tre a quattro volte per settimana. La presenza di 16 stazioni di ricezione, dotate di una catena di processamento completa e di un catalogo locale per l'archiviazione e la consultazione via interfacce web delle immagini ricevute, permette di ridurre i tempi di consegna dal momento dell'acquisizione a massimo tre giorni solari per qualunque scena acquisita in qualunque parte del mondo. Il sistema comprende inoltre un archivio centrale di backup presso la ImageSat International per garantire la continuità nel servizio di accesso e distribuzione delle immagini. Infine, è disponibile un'abbondante offerta di immagini d'archivio a prezzi "contenuti".

2.4   Ikonos

Il satellite Ikonos è in orbita dal settembre 1999, ed è operativo dall'inizio del 2000. Sul satellite sono montati due sensori, un sensore pancromatico ed uno multispettrale. Il primo ha una risoluzione geometrica al suolo di 1 m ad 11 bit (2.048 livelli di grigio) e acquisisce nella banda spettrale dei 0.45-0.90 *mm*. Il sensore multispettrale ha invece una risoluzione geometrica al suolo di 4 m, e 4 bande ad 11 bit (2048 livelli). I prodotti sono distribuiti in tre diverse modalità: GEO, STEREO ed ORTORETTIFICATI. I prodotti GEO sono geometricamente corretti ed ortorettificati. Il livello standard di accuratezza è di 25 m

(RMSE), escludendo gli effetti provocati da spostamenti del terreno. Possono essere distribuiti in 3 diverse opzioni:

> PAN: Dato Pancromatico (bianco e nero) con risoluzione geometrica al suolo di 1 metro;

> MSI: Dato Multispettrale (4 bande) con risoluzione geometrica al suolo di 4 metri;

> PSM: Dato Pan Sharpened (3 bande fuse con il pancromatico) con risoluzione geometrica al suolo di 1 metro.

I prodotti STEREO sono ottenuti da stereo-coppie acquisite nello stesso passaggio orbitale, minimizzando così le variazioni di luminosità; le immagini sono riproiettate e ricampionate a 1 metro in modo da permetterne una più facile visualizzazione. Sono distribuiti in due differenti livelli di accuratezza:

> Standard Stereo: 12 metri di accuratezza orizzontale (RMSE) e 13 metri di accuratezza verticale (RMSE);

> Precision Stereo: 1 metro di accuratezza orizzontale (RMSE) e 2 metri di accuratezza verticale (RMSE).

Il processo di ortorettifica rimuove le distorsioni delle immagini, causate dalla geometria dell'acquisizione e dalla variabilità del suolo, utilizzando modelli digitali del terreno e punti di controllo al suolo. I prodotti ORTORETTIFICATI vengono distribuiti secondo diversi livelli di accuratezza e nelle tipologie (PAN, MSI, PSM):

> REF (Reference): 12 metri (RMSE) di accuratezza orizzontale; cartografia di riferimento: 50.000 NMAS (National Map Accuracy Standards);

> PRO: 5 metri (RMSE) di accuratezza orizzontale; cartografia di riferimento: 1:10.000 NMAS;

> PRE (Precision): 2 metri (RMSE) di accuratezza orizzontale; cartografia di riferimento: 1: 5.000 NMAS;

> PRE+ (Precision Plus): 1 metro (RMSE) di accuratezza orizzontale; cartografia di riferimento: 1: 2.500 NMAS.

I prodotti PRE, PRE PLUS e PRE STEREO richiedono la fornitura, da parte del cliente, dei punti di controllo al suolo (GCP) che possono essere anche forniti dalla Space Imaging Eurasia pagando un prezzo addizionale. I prodotti STEREO non possono essere mosaicati. Il prezzo dei prodotti GEO, al contrario dei prodotti ortorettificati, non comprende la mosaicatura. I prodotti possono anche essere forniti con una risoluzione geometrica di 0,82 metri. Ciò è possibile soltanto con una acquisizione nadirale (o quasi nadirale) ma che farebbe aumentare i tempi di consegna dei prodotti. Essendo Ikonos operativo già da tre anni, è possibile disporre di un consistente archivio di immagini.

2.5   QuickBird

QuickBird è stato lanciato il 18 Ottobre del 2001, ed è in fase operativa dalla primavera del 2002, su un orbita polare eliosincrona, con 97,2 gradi di inclinazione, e con una velocità al suolo di 7.1 km/secondo. È in grado di acquisire sia in modalità multispettrale (tre bande del visibile + un infrarosso vicino) che pancromatica, con risoluzione tra 61 e 66 centimetri per angoli di acquisizione standard, cioè compresi tra 0 e 15 gradi. Il satellite ha capacità stereoscopiche *intrack*, cioè è in grado di acquisire coppie stereo lungo la stessa orbita; tale caratteristica, tuttavia, non viene ancora sfruttata dal punto di vista commerciale. I dati QuickBird sono disponibili sostanzialmente secondo due tipologie di prodotto: Basic e Standard. Il prodotto Basic, al quale sono applicate solo correzioni radiometriche e di sensore, è basato sulla singola scena di circa 16.5 x 16.5 km. La dimensione del pixel è variabile, e dipende dall'angolo di acquisizione della scena. Nel *packaging* (circa 1.6 Gb per scene pancromatiche) sono forniti sia file immagine non georiferito che file ausiliari relativi a metadati, *Rational Polynomial Coefficients* (RPC), effemeridi, calibrazione geometrica, altitudine. Il prodotto Basic può essere processato geometricamente tramite un modello rigoroso oppure utilizzando software basato sull'uso dei *Rational Polynomial Coefficients*. Per un processamento ottimale, le informazioni fornite a corredo dell'immagine possono essere integrate con un *Digital Elevation Model* (DEM) con punti di controllo a terra, dalla cui qualità dipende la precisione del risultato finale. Il prodotto Basic è rivolto ad utenti in grado di effettuare un processamento avanzato dell'immagine dal punto di vista geometrico, in modo da ottenere la massima precisione nella georeferenziazione del dato. Il prodotto Standard differisce dal prodotto Basic in quanto ad esso vengono applicate anche delle correzioni geometriche, per cui il prodotto risulta inquadrato in un sistema di riferimento (WGS84) ed il pixel viene ricampionato ad una dimensione di 60 o 70 cm. Il *packaging* comprende: il file immagine, i metadati, il file degli RPC. Questo tipo di prodotto può essere acquistato anche su una superficie complessiva minore della singola scena. La qualità della georeferenziazione, che è basata unicamente sull'impiego dei dati orbitali post-processati ed integrati da un DEM a bassa risoluzione, può essere ulteriormente migliorata mediante processamento basato sugli RPC. Tuttavia, per ottenere precisioni più spinte, si consiglia di partire dal dato Basic. La quotazione di ciascun prodotto Standard viene effettuata sulla base della superficie (espressa in kmq) della particolare area di interesse del cliente, il quale potrà fornire le coordinate geografiche degli estremi e pagherà il prodotto solo per l'area richiesta. Per ottenere le immagini ortorettificate (georiferite secondo un sistema di proiezione, ellissoide e datum di riferimento), vengono usati GCP (ground control points), ed il DEM per correggere le distorsioni causate dall'altitudine; l'accuratezza planimetrica dipende dalla qualità dei GPC e del DEM, ma anche dall'angolazione con cui è stata effettuata la ripresa satellitare. I dati QuickBird sono distribuiti in esclusiva per tutta Europa da Eurimage, con l'eccezione dell'Italia ove la distribuzione è effettuata dalla Telespazio.

2.6   Sar Ers-1 e 2

Il principio fondamentale sul quale si basano i sistemi SAR è quello di emettere la radiazione elettromagnetica (nella regione delle microonde, in particolare, per ERS, nella banda C con una frequenza di 5,3 GHz) in direzione della superficie della Terra e di registrare la quantità ed il tempo di ritorno dell'energia di diffusione (backscattering).

Questi sensori consentono di acquisire immagini indipendentemente dalla illuminazione solare e dalla presenza di nubi. I due satelliti SAR ERS-1 e 2, il cui lancio è avvenuto rispettivamente nel luglio 1991 e nell'aprile 1995 da parte dell'E.S.A.(Agenzia Spaziale Europea) di cui fa parte l'ASI (Agenzia Spaziale Italiana), rasentano le stesse caratteristiche: orbita elio-sincrona, circolare, con inclinazione di 98,5°, rotazione attorno alla Terra ogni 100 minuti ad un'altezza di 785 km. I due satelliti sono in grado di acquisire immagini in ogni punto della superficie della Terra ogni 17 giorni in orbita ascendente e discendente, cosicché l'intera copertura della Terra è ottenuta in 35 giorni, con una risoluzione al suolo pari all'incirca a 25 metri.

2.7   J-Ers

Il satellite J-ERS è un progetto della NASDA giapponese. Esso utilizza un sensore SAR che opera nel campo delle microonde, in particolare nella banda L ad una lunghezza d'onda di 24 cm. Il satellite ruota attorno alla Terra ad un'altezza di 570 km. Esso è in grado di fornire dati utili soprattutto nel campo della geologia, mentre il suo uso non è particolarmente indicato per studi nel campo dell'oceanografia, ciò in relazione alle lunghezze d'onda a cui opera.

2.8   Radarsat

Il satellite Radarsat è un progetto dell'Agenzia Spaziale Canadese. Esso utilizza un tipo SAR che opera nella regione delle microonde in particolare nella banda C ad una frequenza di 5,3 GHz. Le variazioni nel segnale di ritorno dovute alla diffusione sono il risultato delle variazioni della rugosità e della topografia della superficie osservata, così come delle proprietà fisiche quali, ad esempio, il contenuto di umidità del terreno. Il satellite presenta un'orbita circolare, elio-sincrona, con un'inclinazione compresa tra 200 e 600, ed una rotazione attorno alla Terra ad un'altezza di 798 km. L'intera copertura della Terra è ottenuta, sia in orbita ascendente che in orbita discendente, ogni 24 giorni, con una risoluzione al suolo pari all'incirca a 25 metri.

2.9   Laser Ranging

Il principio di osservazione del range stazione-satellite mediante laser è ben noto fin dall'introduzione dei distanziometri elettrolitici (EDM). Nel caso particolare del *Satellite Laser Ranging* (SLR) la stazione è sita a terra ed il satellite funge da bersaglio. Da un punto di vista puramente geometrico si tratta di risolvere una trilaterazione nello spazio in cui le posizioni dei satelliti tracciati sono o considerate fisse (prese ad esempio dalle "precise ephemeris") o intervengono con un certo numero di incognite (ad esempio i 6 parametri kepleriani per un arco corto). Le particolarità del SLR sono legate alla necessità di sparare impulsi laser a grandi distanze (impulsi ad alta energia) e con un fascio abbastanza ristretto perché si abbia sufficiente energia per ottenere una risposta misurabile; a tale riguardo torna utile osservare che con i moderni fotomoltiplicatori è possibile rilevare un raggio di ritorno, fotone per fotone. La precisione intrinseca dell'osservazione di distanza varia oggi attorno ai 5 cm rispetto alla distanza satellite-stazione. La ristrettezza del fascio emesso fa sì che il laser debba essere diretto verso il satellite con grande precisione. Ciò comporta che il cannone laser sia montato su supporto mobile in ogni direzione (simile a quello di un teodolite) comandato nei sui movimenti da un minicomputer. Il calcolatore, che ha già un programma per il tracciamento dell'orbita in osservazione, compie anche delle correzioni in tempo reale per ottimizzare la ricezione del segnale di ritorno. Il bersaglio, quando si tratta di un satellite dedicato al SLR come il Lageos o lo Starlette, deve a sua volta avere caratteristiche precise: in particolare deve essere il più massiccio possibile ed avere la forma regolare per poter minimizzare il drag atmosferico e l'effetto della pressione di radiazione. Ciò ha determinato la caratteristica forma di sfera coperta di prismi retroriflettori. Date queste caratteristiche tecniche l'apparato della stazione non è facilmente miniaturizzabile; ciò nonostante esistono già oggi i primi apparati laser mobili montati su camion. Una delle stazioni della rete SLR è stata istituita a MATERA e funziona dal 1985.

CAPITOLO III: UTILIZZO DELLE IMMAGINI TELERILEVATE AL FINE DELLA VALUTAZIONE DEL SUOLO

3.1 Redazione di carte tematiche attraverso la classificazione delle immagini telerilevate

Vantaggi del Telerilevamento (TLR)

- Fornisce informazioni su grandi porzioni di territorio;
- Fornisce dati multitemporali della stessa area (DINAMICA);
- I sensori remoti "guardano" in una porzione più larga dello spettro rispetto all'occhio umano;
- I sensori remoti permettono di utilizzare una specifica banda di lunghezze d'onda o un numero di bande simultanee per l'analisi di un oggetto;
- Fornisce dati georiferiti e digitali;
- Alcuni sensori "funzionano" in tutte le stagioni, di notte, ed in cattive condizioni climatiche.

Applicazioni del telerilevamento

- Monitoraggio ambiente marino;
- Mappe dell'uso/copertura del suolo;
- Applicazioni forestali ed agricole;
- Monitoraggio ambientale (stress vegetativo);
- Idrologia e monitoraggio delle coste;
- Pianificazione urbana;
- Emergenze e rischio;
- Global change;
- Archeologia.

Acquisiti e sottoposti a procedura di *Image Enhancement*, si pone il problema di estrarre dai dati telerilevati le informazioni che contengono. Un primo approccio è costituito dall'esame visivo delle immagini. Ciascuna di esse, infatti, fornisce indizi più o meno numerosi sulle realtà al suolo deducibili dall'esame delle configurazioni che vi appaiono. Questo tipo di esame interpretativo visuale è particolarmente adatto per fini geologici o idrologici e per una prima analisi dei tipi di copertura del suolo. Le immagini telerilevate sono in formato *raster*. Ogni pixel che forma il raster deve essere classificato come appartenente ad una certa categoria (ad esempio: terreno coltivato, edificio, bosco, ecc.), in base ai suoi valori di riflettanza nelle diverse bande spettrali. Come già descritto nel capitolo 2 i sensori multispettrali rilevano energia elettromagnetica riflessa dalla superficie terrestre e dagli oggetti che ci sono sopra, scomponendola in diverse bande spettrali. Ogni banda spettrale dà luogo ad una diversa immagine digitale. Nella carta tematica ottenuta mediante il processo di classificazione di immagini digitali ad ogni pixel è associata:

- un'informazione di tipo spaziale (presente già nell'immagine digitale);
- un'informazione di tipo semantico, che specifica un attributo relativo ad un particolare tema d'interesse, detto classe (o categoria), un'informazione spettrale o informazione semantica.

Le classi d'interesse non sono registrate direttamente nelle immagini, ma si devono derivare attraverso un processo detto di classificazione.

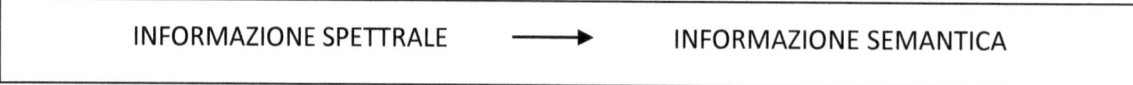

INFORMAZIONE SPETTRALE ⟶ INFORMAZIONE SEMANTICA

Le tecniche tradizionali di classificazione sono divise in due categorie, *unsupervised* e *supervised*, a seconda che il metodo preveda o meno una fase preliminare in cui è richiesto l'intervento umano di indirizzo.

3.2 Unsupervised classification

I metodi di classificazione delle immagini del tipo *unsupervised* prescindono dalla conoscenza della realtà al suolo ed applicano tecniche di *clustering* di tipo statistico. I singoli pixel dell'immagine vengono raggruppati in gruppi (*cluster*) che presentano valori di riflettività simili fra loro: i pixel che appartengono ad un cluster formano una classe spettrale. I cluster sono regioni uniformi ed omogenee al loro interno, rispetto a certe caratteristiche, e significativamente differenti dalle regioni adiacenti. Le classi di riflettività vengono fatte corrispondere a classi di informazione al suolo (ad esempio, categorie d'uso del suolo o di copertura del suolo) mediante campagne d'osservazioni (o interpretazione di fotogrammi). Quindi occorrono comunque informazioni di tipo ausiliario che vengono usate per il riconoscimento delle classi a posteriori.

3.3 Supervised classification

La classificazione *supervised* invece si basa sulla conoscenza di alcune aree campione rappresentative delle classi di superfici, note e ben localizzate sulle immagini, che vengono utilizzate per classificare tutta la scena:

- si decide in quali categorie (classi) deve essere suddivisa l'immagine (es. acqua, regioni urbane, seminativo, ecc.);
- si scelgono (a priori) pixel rappresentativi di ogni categoria (mediante visite in situ, carte, fotointerpretazione) chiamati appunto *training pixel*;
- si classifica ogni pixel dell'immagine come appartenente a una delle categorie volute, in base agli algoritmi di classificazione prestabiliti.

Se i valori di un pixel sono lontani, oltre certe soglie, da quelli di ogni categoria già definita, il pixel viene considerato come incerto e non assegnato ad alcuna classe. L'ultimo stadio prevede l'attribuzione dei pixel alle varie categorie su di una carta geografica, ad esempio attribuendo ai pixel codici colore o valori convenzionali.

Si possono così ottenere carte dell'uso/copertura del suolo.

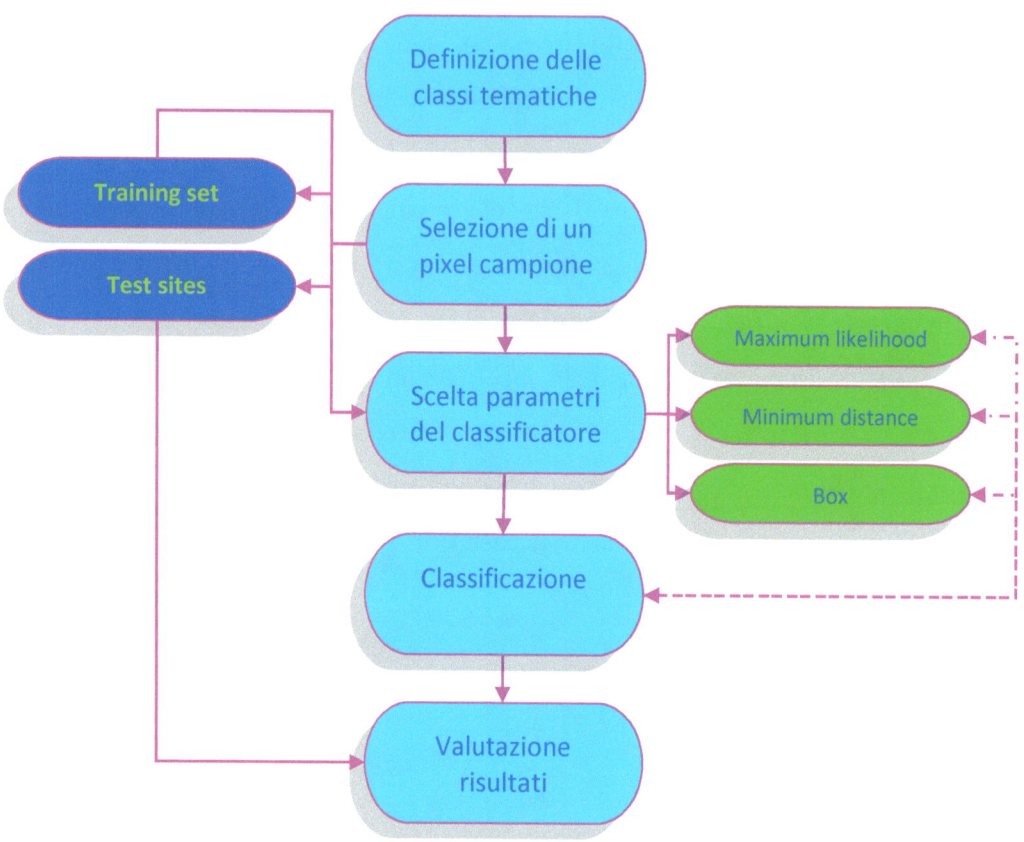

Fig. 3.1: fasi della supervised classification

3.4 Classificatore Maximum Likelihood

Nell'ambito della classificazione guidata è possibile utilizzare diversi algoritmi che consentono di stabilire il criterio di assegnazione di ogni singolo pixel ad una determinata classe. Il classificatore *Maximum Likelihood* è il più utilizzato. Opera assegnando ciascun pixel alla classe per cui è maggiore la probabilità che, selezionato un pixel x della scena, esso appartenga ad una determinata classe C. Il pixel appartiene alla classe C se:

$$P(C|x) > P(C_k|x)$$

Dove $P(C|x)$ è la probabilità condizionale dei pixel x rispetto alla classe C e $P(C_k|x)$ è la probabilità condizionale dei pixel x rispetto alla classe C_k. I pixel con valori di radianza molto diversi da quelli delle categorie inizialmente definite non vengono classificati. In tal modo ciascuna classe tematica è individuata da una distribuzione normale gaussiana che dà la caratteristica suddivisione dello spazio multispettrale. Si può utilizzare la probabilità a priori per decidere il peso di ciascuna classe tematica nella classificazione. I limiti di decisione, essendo quadratici, assicurano maggiore flessibilità delle decisioni lineari. Il metodo considera la direzione di distribuzione dei dati (covarianza) e le distanze tra le medie dei pixel. La complessità di calcolo cresce al quadrato con N (numero di componenti spettrali o classi) e richiede (N^2+N) moltiplicazioni ed (N^2+2N+1) addizioni. Circa il numero di elementi campione il classificatore richiede un minimo teorico di $(N+1)$ pixel. In pratica il minimo è di 10N pixel per classe spettrale per la campionatura, mentre 100N o più sono auspicabili per una migliore classificazione. E' un modello probabilistico e dà informazioni circa la distribuzione dei dati in n dimensioni spettrali. I pixel vengono assegnati ad una classe o ad un'altra seguendo il criterio di massima probabilità di appartenenza; è possibile inoltre definire una soglia per imporre i confini della decisione.

3.5   Classificatore Minimum Distance

In questo caso la direzione di distribuzione dei dati non è considerata poiché vengono calcolate solo le distanze tra le medie dei pixel e non le matrici di covarianza. La probabilità a priori non è presa in considerazione dall'algoritmo ed i limiti di decisione sono lineari. Circa la complessità di calcolo questo metodo è più veloce del precedente, meno complesso e richiede N moltiplicazioni ed N addizioni per pixel. La complessità cresce linearmente con N, dove N è il numero di classi o componenti spettrali, ed è pertanto utile la selezione di un alto numero di componenti spettrali. Il numero di pixel campione richiesto può essere limitato, dato che si calcola solo la media di questi campioni. Si assume che il modello sia simmetrico nello spazio spettrale, per cui esso non fornisce indicazioni su come i dati siano distribuiti negli n piani spettrali. Il classificatore Mnimum Distance è un modello probabilistico in cui ciascun pixel è assegnato alla classe con il valore medio più vicino alle coordinate del punto considerato e che può prevedere la definizione di livelli di soglia per imporre i confini della decisione.

3.6   Classificatore Box

In confronto ai due metodi precedenti l'algoritmo del classificatore *box*, che delimita delle regioni nello spazio multispettrale, presenta le seguenti limitazioni:

 > la probabilità a priori non è presa in considerazione dal classificatore;
 > i dati correlati tra loro danno origine ad una sovrapposizione spaziale tra due o più parallelepipedi;
 > i limiti di separazione tra le classi sono lineari.

Circa la complessità di calcolo questo metodo è il più veloce ed il più semplice. Si effettuano semplici controlli per assegnare i pixel ai parallelepipedi tracciati. Tutto lo spazio bi- o multi-dimensionale deve essere ricoperto per non escludere pixel dalla classificazione. Il modello è basato sulla preparazione di specifiche suddivisioni delle classi tematiche sugli istogrammi delle n bande assegnando poi ciascun pixel al corrispondente parallelepipedo che definisce una certa classe. L'algoritmo non fornisce indicazioni sulla distribuzione dei dati negli n piani spettrali e può essere definita una soglia per decidere i limiti inferiori e superiori di ciascuna classe.

CAPITOLO IV: IL TELERILEVAMENTO DEL MARE

Fig. 4.1: Il velivolo ATR-42 della Guardia Costiera è dotato di sensori a scansione
multispettrale di ultima generazione per l'investigazione della superficie marina

Nel corso degli ultimi 50 anni l'utilizzo del telerilevamento ha guidato la scoperta della superficie terrestre, fornendo immagini che descrivono la distribuzione degli elementi naturali e la loro morfologia, consentendo studi di natura geologica e biologica, di momenti specifici dell'evoluzione terrestre e di dinamiche che si sono espletate nel tempo. L'implementazione di metodologie di studio e di nuove tecnologie ha consentito negli anni di entrare sempre più nel dettaglio dello studio della superficie terrestre e delle sue caratteristiche, consentendo una visione più completa, sia in termini qualitativi che quantitativi, delle dinamiche e proprietà di questo pianeta. Bisogna precisare però che lo sviluppo di tecniche di telerilevamento ha interessato principalmente l'ambiente emerso, molto più semplice da investigare rispetto all'ambiente acquatico ed in particolar modo a quello marino, anche se non mancano sensori costruiti appositamente per valutazione delle proprietà ottiche dei mari e degli oceani e nuovi programmi delineati a tal scopo, come ad esempio il SeaWiFS ed il TOPEX/Poseidon. Il telerilevamento in ambiente marino ha seguito negli anni passati un approccio principalmente su larga scala, mirato al raggiungimento di una visione sinottica delle caratteristiche chimico-fisiche delle acque oceaniche e solo successivamente si è rivolto alle caratteristiche di dettaglio delle acque costiere. Le applicazioni principali del telerilevamento in mare aperto sviluppate finora si possono riassumere in alcune branche principali: lo studio del *ocean color* basato sull'utilizzo di sensori che lavorano nel range del visibile, il calcolo della temperatura della superficie marina attraverso scanner radiometrici, lo studio della superficie marina tramite sensori SAR (Synthetic Aperture Radar). Per quanto riguarda l'*ocean color*, ovvero la misura del "colore" del mare, cioè lo spettro di luce visibile emergente dalla superficie marina, esso risulta essere un importante strumento per estrarre informazioni sui processi biologici, geochimici e fisici che avvengono nell'ambiente costiero e marino. L'*ocean color* è correlato infatti principalmente a processi biologici, anche se bisogna tenere presente che questo parametro è relativo al solo strato superficiale, variabile all'incirca tra 0 e 100 metri a seconda del tipo di acque. Tale strato è più profondo, se le acque sono limpide, mentre invece è più superficiale se le acque sono torbide, ricche di particolato e di sostanze disciolte e sospese, perchè la luce non riesce a penetrare a fondo. La terminologia *ocean color*, universalmente accettata e condivisa dalla comunità scientifica internazionale dell'osservazione della Terra, indica quindi la stima delle concentrazioni delle sostanze presenti nelle acque marine e lacustri a partire dalle proprietà ottiche apparenti delle sostanze stesse, attraverso l'utilizzo di dati telerilevati da sensori ottici multispettrali e/o iperspettrali a media-elevata risoluzione geometrica; quindi prevede principalmente la stima della concentrazione di solidi sospesi, della clorofilla *a*, delle cosiddette sostanze gialle e della temperatura superficiale del mare. Vi sono poi i sensori altimetrici, come i radar, che possono trasmettere impulsi corti verso la superficie marina; il tempo di ritorno degli impulsi dopo che questi hanno colpito la superficie e sono tornati al sensore, è indicativo dell'altezza del satellite, dalla quale viene calcolato il livello della superficie del mare e studiate maree e correnti. I sensori più importanti a questo scopo sono l'ERS ed il

TOPEX/Poseidon. In particolare i sensori SAR consentono un'analisi a piccola scala della rugosità della superficie del mare, permettendo l'individuazione di pennacchi di fiumi, macchie d'olio, blocchi di ghiaccio, ecc.. Tutte queste tecnologie sono state sviluppate e messe a punto principalmente per lo studio delle acque oceaniche. La creazione di sensori satellitari specifici per lo studio delle acque oceaniche ha permesso la creazione di un database di ampiezza mondiale, strumento che consente la realizzazione di studi di telerilevamento su interi emisferi o sull'intero globo, volti ad identificare dinamiche marine a scala globale, utili ad esempio nello studio degli effetti del cambiamento climatico globale.

La tecnologia satellitare legata all'utilizzo del telerilevamento rappresenta un contributo significativo per lo studio delle acque marine. In particolar modo l'analisi verte su elementi legati al monitoraggio ed al controllo dello stato di salute delle acque marine nei suoi vari elementi, in particolare legati alla temperatura superficiale (SST), all'analisi chimica delle acque, allo studio di praterie di piante acquatiche ed allo studio della subsidenza costiera. Il crescente numero di satelliti che osservano la Terra, insieme ad altre innovazioni tecnologiche, sta rendendo l'uso dei dati telerilevati di semplice utilizzo e di estremo interesse per cartografare la superficie del suolo sia a scala regionale che su scala globale, e rilevarne i cambiamenti. Per le stesse ragioni, il telerilevamento sta acquistando sempre più importanza nelle diverse discipline che studiano l'ambiente e la gestione delle risorse naturali. Le potenzialità ed i risultati offerti da tale metodica sono notevoli se si considera la facilità di ottenere informazioni di qualsiasi tipo (in particolar modo riguardo parametri ambientali), in breve tempo, a distanza, ripetutamente nel tempo o addirittura in alcuni casi in maniera quasi continua, con una grande copertura spaziale, con maggior oggettività e precisione ed anche con una maggiore economicità complessiva rispetto ai metodi di rilevazione convenzionali. Esso rappresenta dunque una vera e propria rivoluzione nell'ambito del monitoraggio ambientale e marino, di fatto una realtà già affermata da tempo e con sempre maggiori applicazioni e diffusione. Il telerilevamento da satellite risulta quindi un valido supporto informativo negli studi incentrati su problematiche che necessitano di valutazioni rapide ed aggiornabili, ed è in continua crescita data la sua enorme efficacia a livello scientifico-economico. Il telerilevamento si presenta quindi come una novità nell'ambito dello studio dell'ambiente marino, presentando notevoli vantaggi in fatto di risorse, tempi di rivisitazione, velocità nell'acquisizione di dati, possibilità di ottenere panoramiche molto ampie della situazione, senza soffrire particolarmente in fatto di accuratezza dei risultati. Un ulteriore impiego dei sistemi satellitari, ancora mai effettuato, potrebbe essere quello di studiare le acque in prossimità dei siti di rigassificazione marittima. In prossimità dei rigassificatori, infatti, l'acqua subisce raffreddamento e clorazione, influendo sul fitoplancton, sull'ambiente circostante e sulle attività ittiche: il telerilevamento potrebbe essere una soluzione importante per poter quantificare tali fenomeni e tutelare con opportuni interventi l'ecosistema limitrofo. Lo studio satellitare si presenta come uno strumento tanto efficace quanto versatile; lo dimostrano il sempre crescente numero di progetti intrapresi e la nascita di aziende, come la DerMap S.r.l., specializzate nel settore.

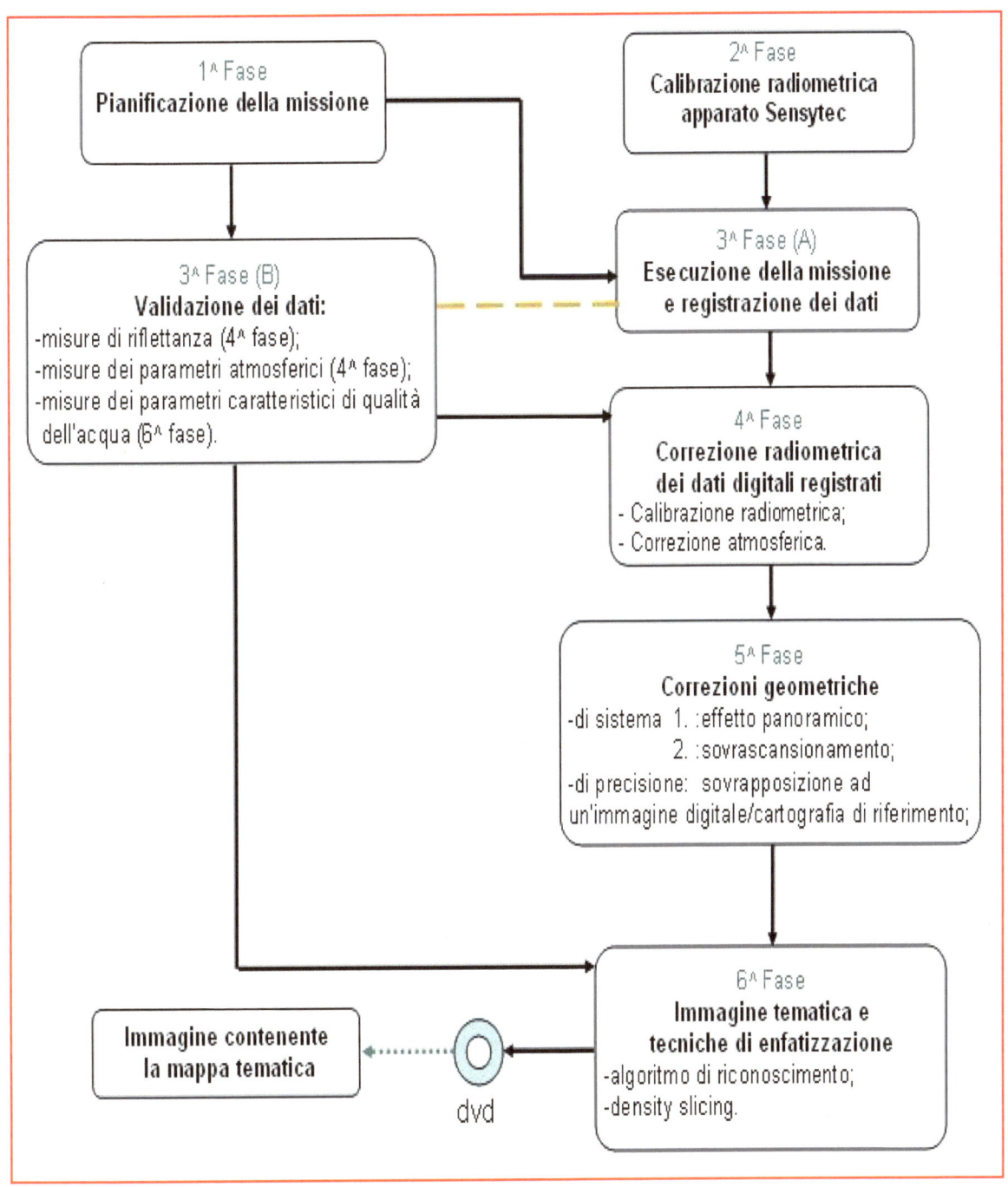

Fig. 4.2: diagramma di flusso per un'immagine tematica derivata

da telerilevamento con vettore aereo

4.1   Il comportamento della radiazione luminosa in acqua

La luce è una radiazione elettromagnetica che si propaga alla velocità di 2,99 x 108 m/sec nel vuoto e che in mare si riduce a circa 2,2 x 108 m sec-1. La propagazione di un fascio luminoso, costituito da fotoni, è dominata da due processi fisici diversi. Nell'atmosfera la diffusione, che consiste in una variazione della direzione rettilinea dei fotoni senza perdita di energia. In acqua di mare, oltre alla diffusione, agisce anche l'assorbimento che è la trasformazione dell'energia radiante sostanzialmente in calore e, in minima quantità, nell'energia chimica posta in gioco nella fotosintesi clorofilliana. In mare le stesse molecole d'acqua ed i sali in soluzione provocano una debole diffusione molecolare, ma la maggior parte della radiazione luminosa è diffusa da tutte le particelle (plancton, detriti organici ed inorganici) in sospensione. Le acque costiere sono generalmente meno trasparenti o più torbide di quelle al largo a causa dell'apporto fluviale di materiali terrigeni e di nutrienti che in prossimità delle foci dei fiumi (e di grandi sbocchi cloacali) possono innescare fioriture algali. Anche le correnti costiere o le onde sul litorale contribuiscono all'aumento della torbidità risospendendo i sedimenti. Al largo e nelle grandi aree centrali oceaniche a bassa concentrazione di nutrienti e modesta produzione biologica, le acque sono invece molto chiare e trasparenti. In base al grado di trasparenza delle acque, e alla quantità e tipologia di materiale sospeso la radiazione luminosa riesce più o meno a penetrare nella colonna d'acqua. La radiazione solare che giunge alla superficie del mare dipende dalla latitudine, dalla stagione e dalla copertura del cielo. La durata del fotoperiodo (le ore di illuminazione) varia anche secondo la latitudine ed il periodo dell'anno: all'equatore è di 12 ore ma nelle regioni temperate aumenta gradualmente procedendo verso le latitudini più alte e dalla primavera all'estate, fino al massimo di 24 ore in corrispondenza dei poli. Non tutta la radiazione che giunge alla superficie penetra in acqua: una parte viene immediatamente riflessa verso l'alto e diffusa dalle particelle presenti nel microstrato superficiale. La percentuale di luce riflessa (albedo) dipende dallo stato del mare (la presenza di onde aumenta la superficie di riflessione) dalla copertura del cielo (per la quantità di luce riflessa verso il basso dalle nuvole) e dall'altezza del sole sull'orizzonte. L'entità dell'assorbimento della radiazione luminosa da parte della colonna d'acqua è proporzionale alla lunghezza d'onda λ. Per esempio il rosso è del tutto assorbito verso i 15 metri, mentre le radiazioni più energetiche, cioè a lunghezza d'onda minore, sono maggiormente penetranti. La riduzione via via che la radiazione penetra in profondità nella colonna d'acqua può essere espressa dall'equazione seguente:

$$E_z = E_0 \, e^{-kz}$$

dove E_0 è la radiazione incidente alla superficie, E_z è la radiazione residua dopo la propagazione fino a z metri di profondità, k è il coefficiente di estinzione verticale (espresso in m^{-1}) ed e è la base dei logaritmi naturali. Il valore di k varia con la lunghezza d'onda: è elevato agli estremi dello spettro ed aumenta con la torbidità (numero di particelle presenti) della colonna d'acqua.

Fig. 4.3: la luce che penetra attraverso una colonna d'acqua subisce una progressiva diminuzione d'intesità

Oltre all'assorbimento un altro fenomeno che la radiazione luminosa penetrando nell'acqua subisce è quello dello scattering. Quando la luce interagisce con una particella sospesa in un mezzo avente differente densità, subisce in parte una diffusione in tutte le direzioni; non vi è alcuna variazione di energia, solamente una variazione spaziale della distribuzione della radiazione. In atmosfera ed in mare le particelle sospese sono quindi responsabili del processo di scattering. L'entità dello scattering dipende dalla quarta potenza della frequenza delle radiazioni luminose (*Legge di Rayleigh*), così la zona dello spettro a più elevata energia (UV) subisce una riduzione della propria energia pari a ¼. Lo scattering dipende dalla lunghezza d'onda della radiazione e dalla taglia delle particelle. Più esse sono piccole e maggiore è l'entità dello scattering. Lo scattering in ambiente marino dipende dalla quantità e composizione del particellato sospeso, dalla sua dimensione, forma ed indice di rifrazione (Stramski e Kiefer, 1991).

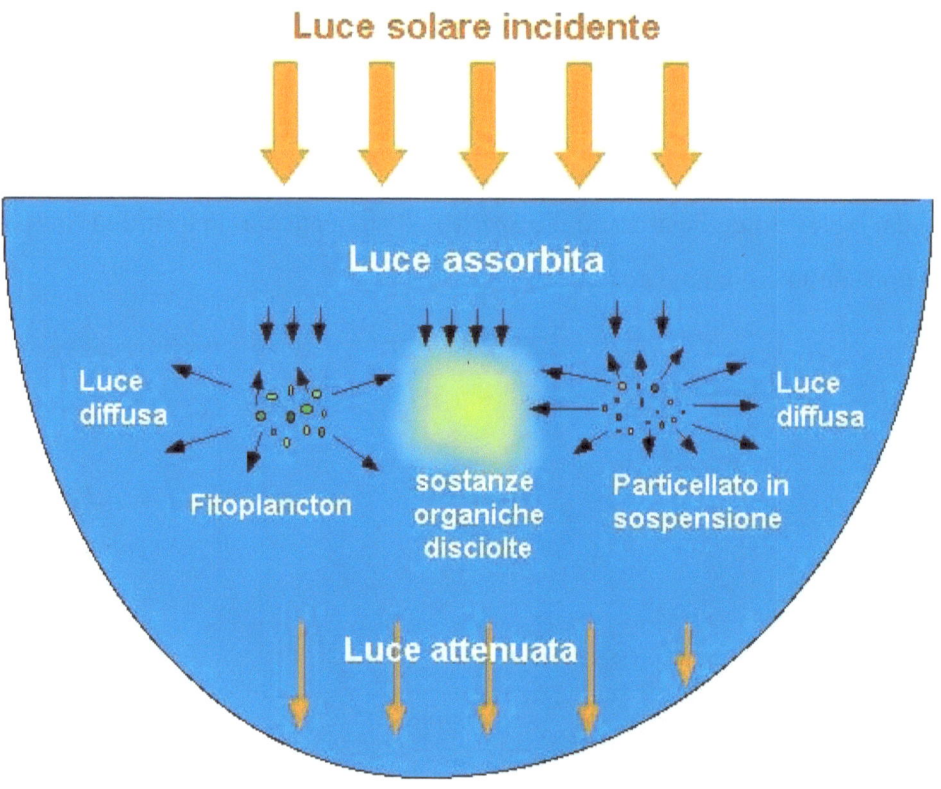

Fig. 4.4: schema del percorso che la luce affronta nella colonna d'acqua, e gli eventi di assorbimento, scattering e diffusione che subisce

Questi eventi di diffusione, assorbimento e scattering modificano in intensità e composizione la radiazione incidente che viene poi riflessa verso il sensore, e devono essere quindi considerati in un'analisi delle caratteristiche ottiche del fondo e/o della colonna d'acqua. La risposta ottica che giunge al sensore non è infatti quella pura del fondo, bensì quella del fondo più la colonna d'acqua che lo sovrasta, con tutte le particelle organiche e non che in essa sono contenute. La radiazione solare prima di giungere al sensore deve attraversare infatti due percorsi, uno diretto verso il basso, ovvero quello dal sensore al fondo marino, ed uno diretto verso l'alto dal fondo marino fino al sensore. Deve perciò attraversare due volte l'intera colonna d'acqua, subendo delle modifiche su entrambi i percorsi, modifiche che devono essere in qualche modo prese in considerazione. La colonna d'acqua infatti determina un forte assorbimento nel rosso e nell'infrarosso ed una grande riflessione nel blu, che modificano lo spettro del fondo. Spettri differenti possono essere quindi registrati per lo stesso target a diverse profondità. Lo spettro di un habitat (ad esempio di fanerogame) può cambiare con l'aumento della profondità, per un sensore che misura la radianza in 4 bande, blu, verde, rosso e infrarosso. Inoltre all'aumentare della profondità l'attenuazione dovuta alla colonna d'acqua causa una diminuzione nella possibilità di distinzione di target diversi, e spettri simili potrebbero essere registrati per fondi diversi a causa di quest'effetto di omologazione del segnale dovuto all'acqua. La radianza spettrale registrata dal sensore è perciò dipendente sia dalla radianza del fondo che dalla profondità. Queste due influenze sul segnale possono causare una considerevole confusione nell'interpretazione delle immagini ai fini di una mappatura di habitat. Dato che per una mappatura degli habitat marini ci interessano solo le caratteristiche dovute al fondo, è utile rimuovere l'influenza della variabile profondità. A questo scopo sono stati messi appunto alcuni modelli fisicamente basati, chiamati modelli bio-ottici, che si basano sulle proprietà ottiche inerenti ed apparenti dell'acqua, o con più difficoltà, metodi basati esclusivamente sulle informazioni contenute nell'immagine, di cui successivamente si darà una visione generale. Questi modelli bio-ottici sono stati messi appunto per le acque oceaniche (acque di Caso 1) e poi riadattati, con qualche approssimazione, a quelle costiere (acque di Caso 2).

4.2   Parametri marini osservabili e relative proprietà ottiche

Macrodescrittori di qualità delle acque

Il monitoraggio delle acque costiere è previsto venga eseguito mediante parametri definiti macrodescrittori dal Decreto Legislativo n.152 dell'11.5.1999, che reca disposizioni sulla tutela delle acque dall'inquinamento, come ad esempio, temperatura, clorofilla "a", solidi sospesi, trasparenza delle acque, mappe della vegetazione del fondale. I dati di riflettanza, desunti dalle immagini riprese dallo scanner multispettrale opportunamente corrette, sono analiticamente correlabili a parametri bio-fisici che contribuiscono differentemente alle proprietà ottiche dell'acqua marina, quali quelli relativi alla torbidità, al fitoplancton ed alla sostanza organica disciolta, soprattutto in situazioni di basse concentrazioni. Generalmente quindi, per ottenere mappe tematiche di distribuzione del parametro da immagini multispettrali telerilevate, sono impiegate delle metodologie di calibrazione empirica. Queste ultime consistono nel correlare, tramite tecniche regressive, i valori di riflettanza con misure contemporanee a mare dei parametri di riferimento, per arrivare a modelli che hanno validità locale. Le misure a mare prevedono, in genere, complesse analisi biochimiche di campioni d'acqua adeguatamente prelevati e georiferiti.

Classificazione delle acque marine ai fini del telerilevamento

Gli algoritmi costruiti per l'interpretazione delle immagini telerilevate da satellite del mare sono stati costruiti combinando le variazioni di radianza con le concentrazioni di fitoplancton. Tali semplici algoritmi sono efficienti se le sostanze presenti nel mare sono quasi esclusivamente fitoplancton, mentre hanno grandi probabilità di fallire se sono applicati ad acque caratterizzate da alti valori di *sostanza gialla* e di effetto del fondo. In questo contesto le acque del mare sono state classificate da Morel in 2 diverse categorie: "Classe 1" e "Classe 2", definite anche "Caso 1" e "Caso 2".

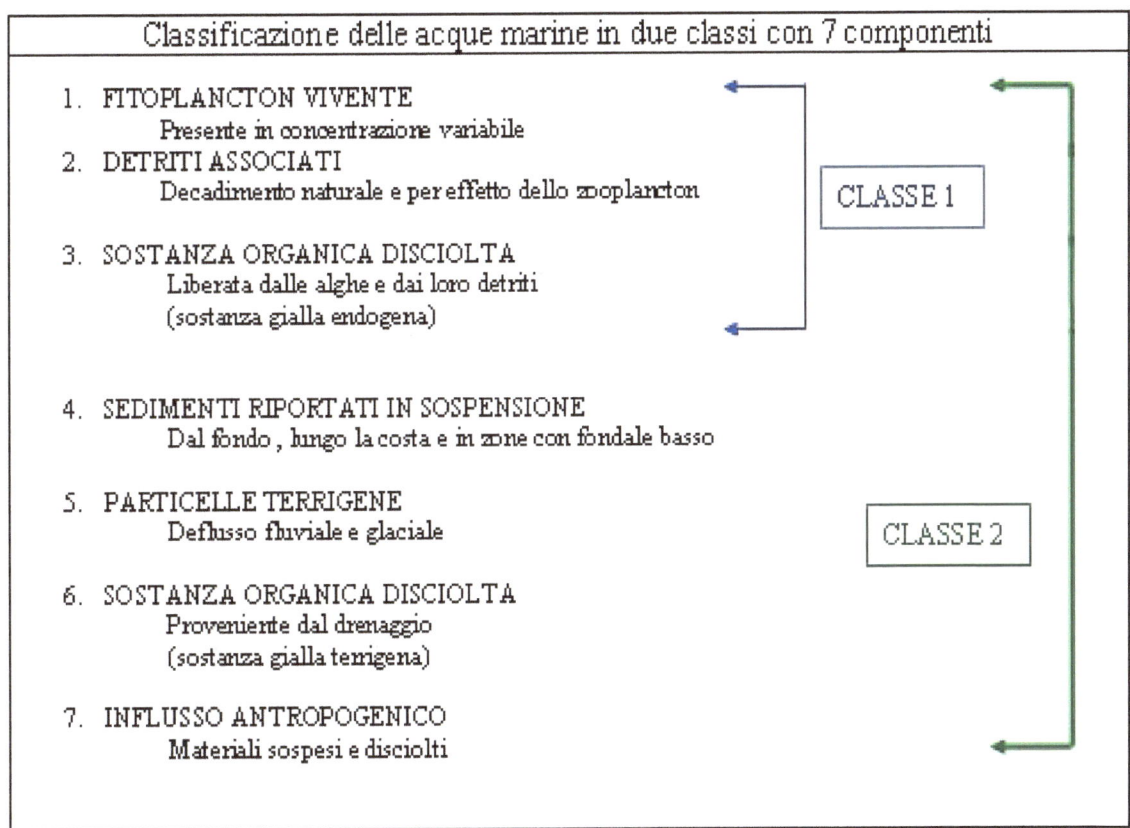

Per la successiva trattazione è opportuno specificare alcuni termini:

❖ Il **fitoplancton** è l'insieme di organismi vegetali, unicellulari o coloniali, facenti parte del plancton, cioè dell'insieme di organismi, generalmente aventi dimensioni microscopiche e scarsa capacità di movimento, che vivono sospesi in acqua, senza aver contatti con il fondo. Provvede la base di nutrimento senza la quale non sarebbe possibile una equilibrata sopravvivenza delle altre forme di vita acquatica (zooplancton e pesci). Un suo eccessivo sviluppo, tuttavia, determina uno scadimento rapido della qualità delle acque (eutrofizzazione).

❖ La **clorofilla** è un pigmento di colore verde presente nelle cellule vegetali o negli organismi procarioti (batteri od organismi monocellulari) che realizzano la fotosintesi clorofilliana.

❖ La **fotosintesi clorofilliana** è l'insieme delle reazioni durante le quali le piante verdi producono sostanze organiche a partire da CO_2 e dall'acqua, in presenza di luce.

Mediante la clorofilla, l'energia solare (luce) viene trasformata in una forma di energia chimica utilizzabile dagli organismi vegetali per la propria sussistenza. Il processo è oggi quello nettamente dominante, sulla terra, per la produzione di composti organici da sostanze inorganiche. Inoltre, la fotosintesi è l'unico processo biologicamente importante in grado di raccogliere l'energia solare, da cui, fondamentalmente, dipende la vita sulla Terra.

Acque di classe 1

- ✓ Acque per le quali il fitoplancton ed i suoi prodotti derivati hanno un ruolo predominante nel determinare le proprietà ottiche del mare, e quindi il suo "colore". I prodotti derivati sono costituiti sia da detriti solidi che da materiale organico di colore giallo disciolto e variano in maniera dipendente con la clorofilla.
- ✓ Come regola, le acque oceaniche rientrano nella classe 1; possono però esistere acque di classe 1 anche in zone costiere, quando è assente la piattaforma continentale e non c'è affluenza terrigena.
- ✓ La classe 1 di Morel va da acque color blu scuro, oligotrofiche (con un contenuto di clorofilla, chl-a minore di 0.1 mg/m^3) ad acque verdi moderatamente produttive (chl-a≈1 mg/m^3), fino ad acque molto verdi, eutrofiche, con chl-a≈10 mg/m^3, come quelle che si trovano lungo alcune coste aride.

Acque di classe 2

- ✓ Sono le acque influenzate non solo dal fitoplancton ma sostanzialmente anche dalle altre sostanze presenti che possono <u>non variare linearmente con la clorofilla</u>.
- ✓ Le acque di classe 2 contengono i componenti 4, 5, 6 e 7 e possono contenere, ma non necessariamente, i componenti 1, 2 e 3.

✓ Le acque della classe 2 si possono ulteriormente suddividere in base alle seguenti caratteristiche:

  – Elevata concentrazione di sedimenti (influenza dei componenti 4 e 5): è il caso delle acque di classe 2 con predominanza di sedimenti;

  – Elevato contenuto di sostanza gialla terrigena (componente 6): si parla allora di acque di classe 2 con predominanza di *sostanza gialla*, se la torbidità rimane bassa;

  – Elevata concentrazione sia di sedimenti che di sostanza gialla.

✓ Gli scarichi biologici e industriali possono generare acqua di classe 2, o sovrapporre i loro effetti su acque costiere che già rientrano nella classe 2.

✓ Nelle zone costiere si incontrano normalmente acque di classe 2 di tipi diversi; questo fenomeno avviene soprattutto in corrispondenza di estuari, lagune, acque poco profonde, e a volte anche al largo, in corrispondenza di secche e bassi fondali.

✓ Le acque della classe 2 costituiscono meno del 5% della superficie terrestre coperta da acque, ma sono sicuramente le più importanti da controllare e studiare.

✓ Mentre le acque della classe 1 presentano una certa proporzionalità, o per lo meno una certa covarianza, fra i vari componenti, quelle della classe 2 sono per loro natura molto più imprevedibili: l'interpretazione del loro colore è più complessa.

✓ I fenomeni fisici che stanno alla base delle misure di telerilevamento della qualità dell'acqua sono l'assorbimento, lo scattering e la fluorescenza:

  – I primi due, sono dati sia dall'acqua stessa, sia in varia misura e con vari tipi di andamento spettrale, da tutte le sostanze in essa contenute sotto forma di soluzione idrosol;

  – La fluorescenza è viceversa una caratteristica di molte sostanze organiche, fra cui la clorofilla, la lignina contenuta nella cellulosa etc., per cui è limitata alle componenti 1, 3, 6 e 7.

Nell'acqua di mare vi sono contenute una varietà di sostanze di origine organica ed inorganica provenienti da differenti sorgenti. Ciascuna di queste sostanze ha le sue specifiche proprietà di assorbimento e diffusione, dipendenti anche dalla lunghezza d'onda, che influiscono sull'intensità e la risposta spettrale della radiazione e.m.. La riflettanza dell'acqua dipende, pertanto, dal tipo e dalla quantità delle sostanze otticamente attive ivi presenti. L'acqua marina con i sali disciolti (35 g/l), presenti naturalmente nel mare, è detta "acqua pura", le cui caratteristiche di diffusione ed assorbimento sono ben note e sono considerate costanti. I sali disciolti che sono presenti nell'acqua marina non hanno picchi di assorbimento nella banda visibile e, pertanto, non influiscono sulle proprietà di assorbimento dell'acqua.

Clorofilla, sedimenti in sospensione, materia organica disciolta

Questi parametri vengono trattati insieme, poiché tutti e tre caratterizzano le acque naturali dal punto di vista ottico e sono rilevabili a distanza con gli stessi metodi:
- ➢ sistema attivo: il telerilevamento nel visibile (Lidar);
- ➢ passivo: scanner multispettrale. Da una stessa misura effettuata contemporaneamente su più bande del visibile si possono trarre informazioni su tutte e tre le grandezze.

Per il telerilevamento passivo, il dato fondamentale è la riflettanza spettrale (colore dell'acqua), la quale è determinata da tre fenomeni fisici:
- ➢ lo scattering o diffusione della luce;
- ➢ l'assorbimento (in generale selettivo);
- ➢ la fluorescenza. Il telerilevamento attivo si basa essenzialmente sull'osservazione dello spettro di fluorescenza, stimolata artificialmente per mezzo di un laser nella banda che va dal blu all'ultravioletto.

L' "eutrofizzazione" è il processo di scadimento della qualità delle acque dovuto alla proliferazione eccessiva di fitoplancton a seguito dello sversamento (naturale o di origine antropica) di nutrienti algali provenienti dalla terraferma. In genere, i nutrienti essenziali per la crescita algale nelle acque dolci sono costituiti dai composti del fosforo e dell'azoto (essenzialmente nitrati). L'aumento delle concentrazioni di nutrienti algali e del livello trofico nei corpi lacustri determina una serie di effetti negativi sulla qualità e utilizzabilità delle acque. Quelli più evidenti includono l'incremento della biomassa fitoplanctonica, il cambiamento della struttura e composizione delle comunità vegetali e animali, l'eccessivo consumo di ossigeno nelle acque profonde (con la possibile comparsa di composti tossici) ed il deterioramento delle caratteristiche estetiche delle acque. Per quanto riguarda l'utilizzo ricreativo e potabile delle risorse idriche, uno degli effetti più gravi dell'eutrofizzazione è costituito dalla tendenza all'aumento dei cianobatteri. Questi organismi fitoplanctonici possono produrre un'ampia gamma di composti tossici, costituendo un potenziale rischio per la salute umana nel caso di utilizzo di acque contaminate da una loro eccessiva presenza.

Le acque, a seconda del loro grado di eutrofizzazione, possono essere classificate come "oligotrofiche" (scarsità di nutrienti e limitate biomasse fitoplanctoniche), "eutrofiche" (elevato contenuto di nutrienti e fitoplancton) e "mesotrofiche" (con caratteristiche intermedie). La clorofilla è il parametro che si utilizza per la misura della biomassa del fitoplancton. E', pertanto, un macrodescrittore la cui concentrazione (mg/l) rileva la quantità di pigmento fotosintetico e quindi la biomassa algale in superficie e lungo la colonna d'acqua. Valuta le caratteristiche trofiche e lo stato di un ecosistema, ovvero la sua produzione primaria ed i gradi di trofia.

Valori di riferimento proposti dall'OECD per la definizione delle categorie trofiche dei laghi					
Stato trofico	Disco di Secchi (mt)		Clorofilla (mg/m^3)		Fosforo (mg/l)
	valore medio	max	valore medio	max	valore medio
oligotrofico	≥ 6	≥ 3	≤ 2.5	≤ 8	≤ 10
mesotrofico	6 - 3	3 – 1.5	2.5 - 8	8 - 25	10 - 35
eutrofico	3 – 1.5	1.5 - 0.7	8 – 25	25 - 75	35 - 100

Con il termine di "Produzione Primaria" si intende la quantità di produzione di fitoplancton, ovverosia la quantità di carbonio inorganico assimilato dal fitoplancton attraverso il processo di fotosintesi in un dato volume d'acqua in un determinato intervallo di tempo [mg$\cdot$ C$\cdot$ m$^{-3}\cdot$ day^{-1} oppure mg$\cdot$ C$\cdot$ m$^{-2}\cdot$ day^{-1}]. Questo parametro assume il valore di 100 mg$\cdot$ C$\cdot$ m$^{-3}\cdot$ day^{-1} per gli oceani.

Picchi di assorbimento della clorofilla:

	Clorofilla *a*	Clorofilla *b*	Clorofilla *c*	Clorofilla *d*	Clorofilla *e*
Picco 1	430 nm	480 nm	434 nm	(circa 400-470 nm)	-
Picco 2	663 nm	650 nm	666 nm	700 nm (700-730 nm)	(715-725 nm)

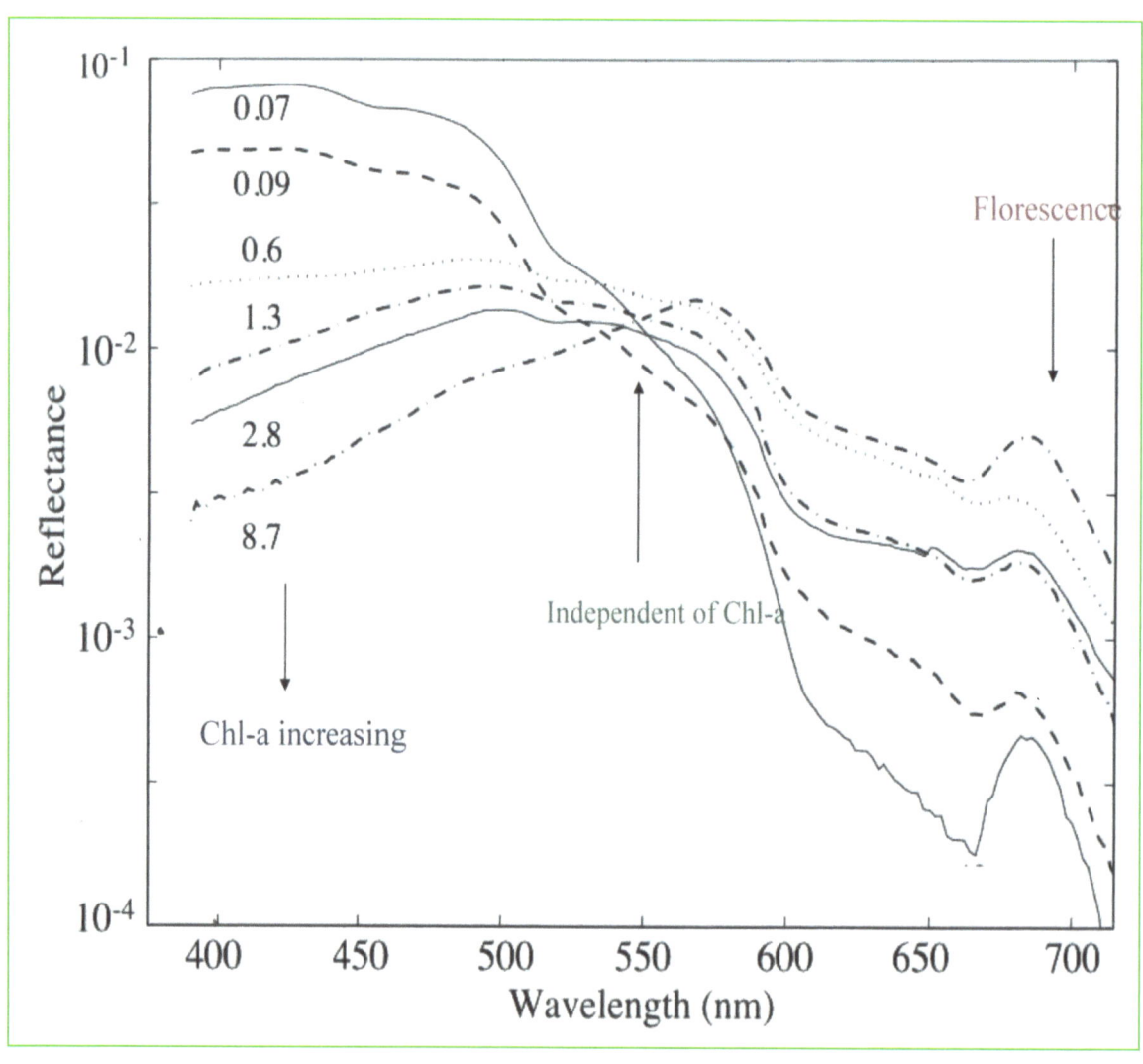

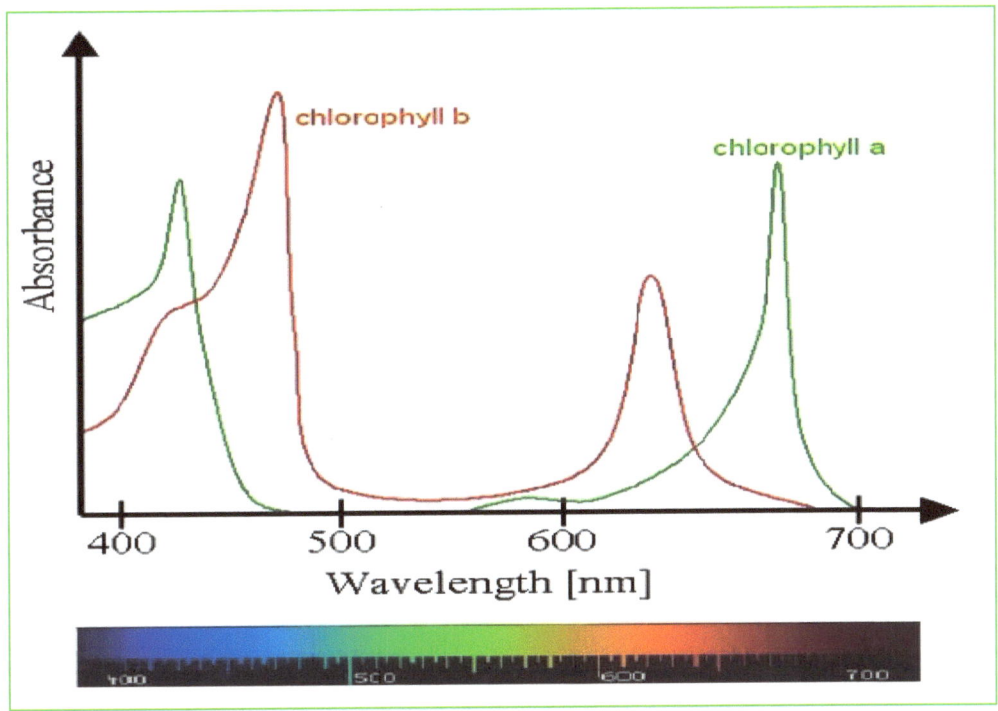

Fig. 4.5: grafici della riflettanza dell'acqua al variare della concentrazione di clorofilla

Misura della trasparenza con il Disco di Secchi

Il disco di Secchi è uno strumento utilizzato per la prima volta dall'abate Secchi nel 1865 per misurare la trasparenza dell'acqua. Consiste in un disco di metallo di colore bianco, del diametro variabile da 20 a 30 cm e dello spessore di 3 mm, legato ad una cordicella metrata. Il disco è calato in acqua fino alla profondità alla quale scompare alla vista, quindi issato finché non ricompare. La misura di tale ultima profondità - definita come profondità di scomparsa del disco di Secchi - viene considerata come una stima di trasparenza dell'acqua. Se la quantità di clorofilla-a, TSS e sostanza organica disciolta è bassa, la profondità di misura del disco di Secchi è alta, contrariamente sarà bassa. Da un punto di vista biologico la profondità del disco Secchi è importante perché è una misura della profondità di penetrazione della radiazione luminosa, e pertanto definisce lo spessore della colonna d'acqua dove la luce solare è utilizzabile per la fotosintesi. Il Disco di Secchi può essere utilizzato in alternativa al turbidimetro. Empiricamente è stato osservato che la misura è inversamente proporzionale alla torbidità o al coefficiente di attenuazione diffusa $K_{diff.}$. La misura dipende, oltre che dalle condizioni di luce, dalle capacità visive dell'osservatore e, pertanto, è alquanto soggettiva.

$$Sd = \frac{coeff._1}{Torbidità} \qquad Sd = \frac{coeff._2}{K_{diff.}}$$

Proprietà ottiche dell'acqua

Per proprietà ottiche apparenti si intendono quelle proprietà del corpo idrico che sono influenzate dal campo di luce come dalla natura e quantità delle sostanze presenti nel mezzo. Il colore del mare e la riflettanza possono essere modificate dalle caratteristiche geometriche della sorgente di illuminazione (angolo di zenith ed azimuth del sole) nonché dalla presenza delle sostanze ivi presenti. Il coefficiente di attenuazione diffusa K_d, dell'irradianza discendente o ascendente (downwelling o upwelling), rientra tra le proprietà apparenti del mezzo, definendo il passo di decremento dell'irradianza con la profondità:

$$\frac{dE_d(\lambda, z)}{E_d(\lambda, z)} = -k_d(\lambda)dz$$

L'interpretazione dei dati remoti in termini dei costituenti presenti nel corpo idrico richiede che sia identificata la dipendenza delle proprietà ottiche con il variare dell'angolo del campo di luce. E' necessario, quindi, esprimere la riflettanza di remote sensing in funzione delle caratteristiche intrinseche del corpo idrico. Le proprietà ottiche inerenti della colonna d'acqua sono indipendenti dalle variazioni della distribuzione angolare del campo di luce e sono determinate esclusivamente dal tipo e dalle concentrazioni delle sostanze disperse. A tale scopo sono stati condotti studi rigorosi di transfer radiativo in acqua, tenendo in considerazione i processi di assorbimento e scattering che avvengono nella colonna d'acqua. I coefficienti totali di assorbimento "a" e di retrodiffusione "bb" possono essere espressi come somma dei singoli componenti:

$$a_{tot}(\lambda) = a_w(\lambda) + a_y(\lambda) + a_{ph}(\lambda) + a_s(\lambda) \quad b_{b.tot}(\lambda) = b_{bw}(\lambda) + b_{bph}(\lambda) + b_{bs}(\lambda)$$

> Il coefficiente di assorbimento "a", determina il passo di decadimento esponenziale del flusso di luce per unità di percorso e per unità di flusso incidente;

> Il coefficiente di back-scattering "bb": uguale fenomeno ma dovuto alla retrodiffusione.

Per back-scattering si intende la porzione di luce diffusa che subisce una deviazione, rispetto alla direzione originaria di incidenza, ≥90°. La presenza, specificata in tipo e quantità, delle sostanze otticamente attive in acqua, condiziona l'assorbimento e la retrodiffusione della radiazione luminosa, in funzione della lunghezza d'onda. I coefficienti totali di assorbimento e di retrodiffusione sono esprimibili in funzione delle concentrazioni delle specifiche sostanze presenti in acqua:

$$a_{tot}(\lambda) = a_w(\lambda) + C_y \cdot a^*_y(\lambda) + C_{ph} \cdot a^*_{ph}(\lambda) + C_s \cdot a^*_s(\lambda)$$

$$a_{tot}(\lambda) = a_w(\lambda) + a_y(\lambda) + a_{ph}(\lambda) + a_s(\lambda)$$

$$b_{b.tot}(\lambda) = b_{bw}(\lambda) + C_{ph} \cdot b^*_{bph}(\lambda) + C_s \cdot b^*_{bs}(\lambda)$$

$$b_{b.tot}(\lambda) = b_{bw}(\lambda) + b_{bph}(\lambda) + b_{bs}(\lambda)$$

Dove:

> a_w, b_{bw}, a_y, a_{ph}, bb_{ph}, a_s, bb_s, sono i coefficienti di assorbimento e di retrodiffusione dell'acqua pura, della sostanza gialla, del fitoplancton e dei sedimenti sospesi;

> a^*_y, a^*_{ph}, bb^*_{ph}, a^*_s, $b_b^*_s$ sono i coefficienti specifici di assorbimento e di retrodiffusione (ossia per unità di concentrazione) delle sostanze otticamente attive: sostanza gialla, fitoplancton e sedimenti sospesi;

> C_y, C_{ph} e C_s sono le relative concentrazioni in acqua.

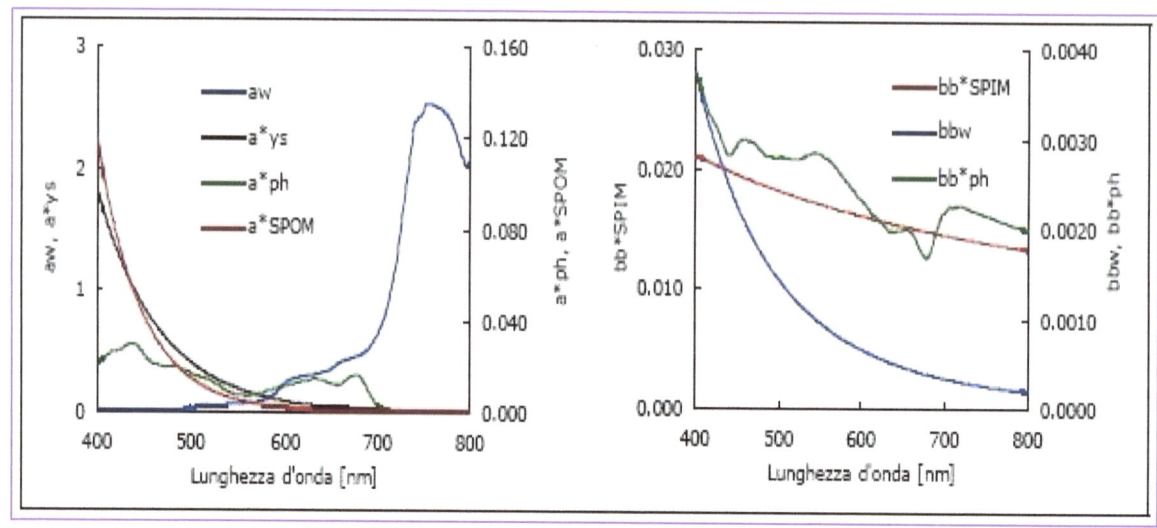

Fig. 4.6: coefficienti specifici di assorbimento

Dove, per unità di concentrazione (l·µg⁻¹ · m⁻¹):

- aw: coefficiente di assorbimento dell'acqua pura;

- a*ys: coefficiente di assorbimento della sostanza gialla;

- a*ph: coefficiente di assorbimento della clorofilla_a;

- a*SPOM coefficiente di assorbimento dei solidi sospesi organici.

Coefficienti specifici di back-scattering (dove, per unità di concentrazione l·µg⁻¹ · m⁻¹):

- aw: coefficiente di back-scattering dell'acqua pura;

- a*ys: coefficiente di back-scattering della sostanza gialla;

- a*ph: coefficiente di back-scattering della clorofilla_a;

- a*SPIM coefficiente di back-scattering dei solidi sospesi inorganici.

4.3 Trasferimento radiativo in acqua e telerilevamento del mare nel visibile

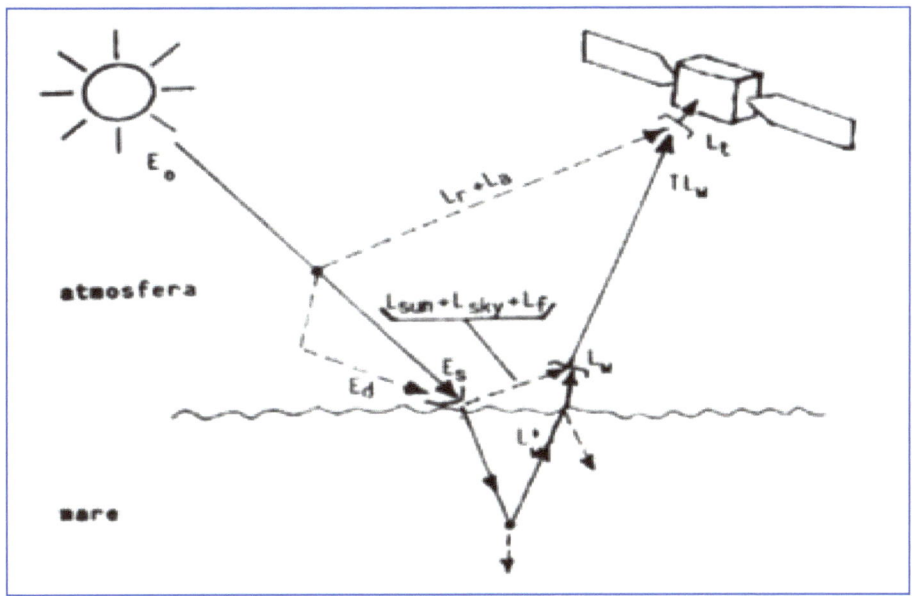

Fig. 4.7: componenti di radianza che raggiungono un sensore passivo

Le due componenti, Es proveniente con un angolo zenitale solare θs ed proveniente secondo una certa distribuzione angolare, incidendo la superficie del mare, subiscono 3 tipi di effetti: riflessione, rifrazione ed eventuale diffusione da parte della schiuma. La riflessione è del 2 – 3 % per Es quando $\theta_s \leq 45°$ e produce il cosiddetto *sun glitter*, che non viene rilevato dal sensore se questo è puntato in una direzione abbastanza lontana da quella di riflessione speculare; per E_d la riflessione è circa del 6,6% *sky glitter* ed è necessariamente rivelata dal sensore, alterando quindi la misura. La rimanente parte di E_s ed (non considerando l'eventuale diffusione da schiuma) viene trasmessa per rifrazione al di sotto della superficie dell'acqua. Una volta in acqua, la luce può venire assorbita o diffusa dal materiale in sospensione o dalle stesse molecole di acqua. La parte diffusa può a sua volta venire assorbita o diffusa, oppure riflessa dalla superficie, o può riattraversare, per rifrazione, la superficie del mare verso l'alto. E' quest'ultima frazione della radiazione quella che contiene le informazioni che vogliamo ricavare. Essa nel suo tragitto verso il sensore subisce ancora un'altra modificazione quella dell'assorbimento e diffusione da parte dell'atmosfera. In definitiva, si può riassumere il processo con le seguenti equazioni:

$L_t(\lambda) = L_r(\lambda) + L_a(\lambda) + T(\theta_v, \lambda)L_{wlr}(\lambda)$ dove :

L_t = radianza totale che raggiunge il sensore ;

L_r = « path radiance » per scattering Rayleigh atmosferico ;

L_a = « path radiance » per scattering da aerosol ;

T = coefficiente di trasmissione (diffusa) dell'atmosfera dal punto traguardato al sensore ;

L_{wlr}= radianza in direzione del sensore appena sopra la superficie dell'acqua.

La radianza emergente della superficie dell'acqua può essere espressa con la seguente relazione, omettendo di riportare la dipendenza della lunghezza d'onda:

$$L_{wlr} = \frac{1-r}{n^2} \cdot L'_w + L_{sun} + L_{sky} + L_f$$

dove:

L'$_w$ =radianza ascendente appena sotto la superficie dell'acqua;

r   =coefficiente di riflessione di Fresnel all'angolo di osservazione (variabile da 0.02 a 0.03);

n   =indice di rifrazione dell'acqua (circa 1,33);

L_{sun}=riflesso del sole (sun glitter);

L_{sky}=riflesso del cielo (sky glitter);

L_f =radianza riflessa dalla schiuma.

La radianza ascendente appena sotto la superficie dell'acqua L'$_w$ è, a sua volta, esprimibile con la seguente relazione:

$$L'_w = \rho^- \cdot \frac{E_g}{\pi} \cdot \frac{1-r}{n^2}$$

dove:

- ρ^-=riflettanza appena sotto la superficie dell'acqua z=0⁻ (rapporto fra irradianza discendente ed ascendente alla profondità di z=0⁻);
- E_g=irradianza globale discendente al di sopra del livello del mare.

La grandezza ρ^- (λ) contiene tutte le informazioni telerilevabili sulle proprietà ottiche volumetriche dell'acqua. La teoria del trasporto radiativo è quella che lega le proprietà apparenti, come ad esempio la riflettanza ρ^- (λ), alle proprietà intrinseche, come i coefficienti di backscattering e di assorbimento.

$$\rho^- = f\left(\frac{b_b}{a+b_b}\right)$$

In ambiente marino la riflettanza viene solitamente sostituita dalla *Riflettanza di Remote Sensing* [sr⁻¹] (RRS) che è data dal rapporto tra la radianza ascendente appena al di sopra della superficie marina e l'irradianza globale discendente.

$$Rrs = \frac{(L_{wlr})^+}{(E_g)^+}$$

Dove:
- L_{wlr}=(L_s+L_w+L_b) è la radianza ascendente al di sopra della superficie dell'acqua che comprende i contributi dati dalla superficie dell'acqua, dal volume d'acqua sottostante ed eventualmente dal fondo marino;
- E_g è l'irradianza discendente globale, somma dell'irradianza diretta e diffusa.

La principale differenza fra la riflettanza e la riflettanza di remote sensing è che per la R_{rs} la direzione della radianza ascendente L_{wlr} è orientata verso un piccolo angolo solido di vista (IFOV) mentre per la riflettanza il valore viene mediato su una semisfera.

4.4   Monitoraggio dei solidi sospesi

Fig. 4.8: immagine di un classico plume di solidi sospesi

Sedimenti in sospensione

Con il termine *solidi sospesi totali* (total suspended solids – TSS) indicato anche come *tripton*, si intende la porzione complessiva di solidi non viventi (organica ed inorganica) contenuta in sospensione in un campione di acqua, che è possibile trattenere con un filtro del diametro nominale di 2 μm sotto specifiche condizioni. Si misura solitamente in milligrammi/litro. Il materiale sospeso inorganico (suspended inorganic particulate material – SPIM) rappresenta il materiale inorganico in sospensione. E', quindi, la porzione inorganica del TSS. Nelle acque costiere ed in acque interne, l'azione delle onde può portare sedimenti in sospensione modificanti significativamente il colore del mare. E' importante sottolineare che il termine "materiale in sospensione" non si riferisce ad un unico materiale ma ad una famiglia di materiali con le proprie caratteristiche spettrali.

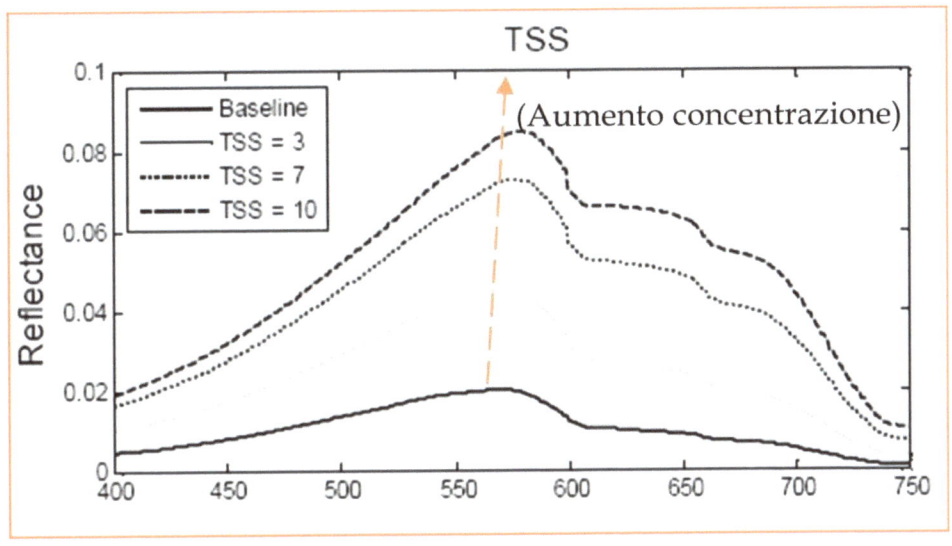

Fig. 4.9: spettri di riflettanza subsuperficiale calcolati con un modello bio-ottico per un lago finlandese

Sostanza organica disciolta

La *sostanza organica disciolta* (colored dissolved organic matter – CDOM) è una classe di sostanze dissolte in acqua, di origine organica, che passano attraverso un filtro del diametro nominale di 0.45 μm. Sono originate, principalmente, dalla degradazione del fitoplancton. Altre sorgenti per il CDOM sono l'apporto in mare di sostanze provenienti dai fiumi o di origine antropica (scarichi urbani, drenaggio di terreni agricoli etc.). Detta sostanza è anche chiamata con diversi altri termini:

> "sostanza gialla", per la colorazione che determina nell'acqua;

> "humus";

> "gelbstoff";

> "gilvin".

La sostanza può essere determinata da un campione d'acqua mediante l'uso della spettrofotometria. E' usualmente espressa in un coefficiente di assorbimento misurato alla lunghezza d'onda di 400 nm [$a_{cdom(400)}$ in m^{-1}] e non in concentrazione come la clorofilla_a ed i sedimenti TSS. Lo spettro di assorbimento del CDOM viene ricavato tramite una funzione esponenziale nello spettro del visibile (alto valore di assorbimento alle lunghezze d'onda più corte; un assorbimento molto piccolo al di sopra del 700 nm). Caratteristica della sostanza organica disciolta è che non determina diffusione al passaggio di luce.

Spettri di riflettanza in funzione della sostanza organica disciolta

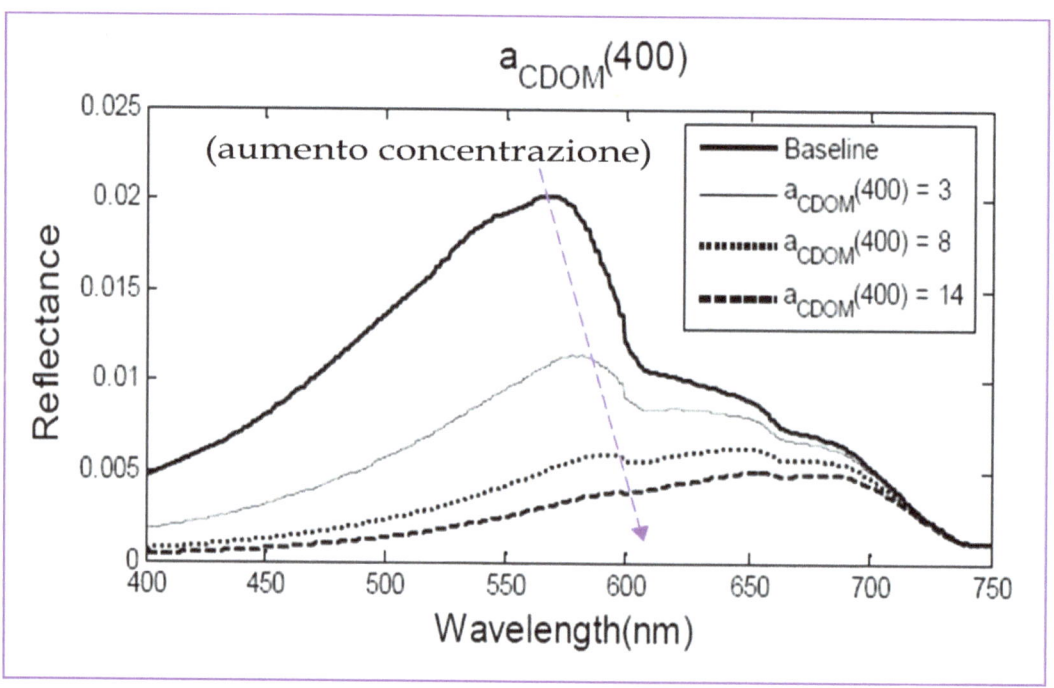

Fig. 4.10: spettri di riflettanza subsuperficiale calcolati con

un modello bio-ottico per un lago finlandese

Torbidità

La torbidità è un'altra variabile di qualità dell'acqua. Misura la diffusione/assorbimento della luce in acqua e, pertanto, è relazionata alle particelle in essa contenute. Se la quantità di chl-a (fitoplancton) e/o sedimenti sospesi è alta, anche la torbidità sarà alta. Lo strumento utilizzato per effettuare questo tipo di analisi è un turbidimetro, ovvero un apparecchio ottico, che misura la diffusione della luce e fornisce una misura relativa della torbidità in *Unità Nefelometriche di Formazina o in Unità di Torbidità di Formazina* (FNU oppure FTU). Il principio di funzionamento di un turbidimetro è comune a quello di tutti gli altri metodi ottici esistenti; quando un fascio di luce attraversa un mezzo contenente in sospensione una sostanza dispersa finemente, si possono verificare due casi:

- ❖ la luce viene assorbita in modo rimarchevole e l'intensità del raggio emergente ne risulta sensibilmente attenuata;
- ❖ la luce, per fenomeni di riflessione e rifrazione, viene notevolmente diffusa dalle particelle in sospensione, originando la cosiddetta luce di opalescenza.

Quando il fenomeno dell'assorbimento prevale su quello della diffusione (dispersione non estremamente fine), si valuta l'entità dell'assorbimento prodotto sul fascio incidente della fase dispersa effettuando così una misura turbidimetrica. Quando, invece, il fenomeno di diffusione è molto più intenso rispetto al precedente (sostanza dispersa estremamente fine), allora si procede alla valutazione della luce diffusa, misurata a 90° rispetto a quella incidente, effettuando così una misura *Nefelometrica*. Una ulteriore espressione della torbidità può essere indicata in mg/l di SiO_2 tenendo conto della diluizione effettuata sul campione. Meno frequente è l'impiego, nella pratica americana, delle unità *Jackson* (JTU). Nella tabella seguente vengono riportati i fattori di conversione per le unità più comunemente impiegate.

	Unità Jackson (JTU)	Unità formazina (FTU)	Unità Silice (mg/l SiO_2)
Unità Jackson (JTU)	1	19	2.5
Unità formazina (FTU)	0.053	1	0.13
Unità Silice (mg/l SiO_1)	0.4	7.5	1

Fig. 4.11: fattori di conversione per alcune unità di misura della torbidità

Si definiscono solidi sospesi totali (TSS) in un campione d'acqua, la quantità di materiale trattenuta da un filtro di 2.0 mm. Tali solidi sospesi influenzano la qualità dell'acqua diversi modi; principalmente influenzano la trasparenza. Di solito i TSS vengono assunti come un parametro di misura della torbidità. Poiché la presenza di tali sostanze influenza il segnale telerilevato, è possibile mettere a punto degli algoritmi per la valutazione della concentrazione di TSS a partire dai dati di radianza misurata dal sensore remoto; in genere non è possibile prescindere dalle misure in campo, in punti ben definiti.

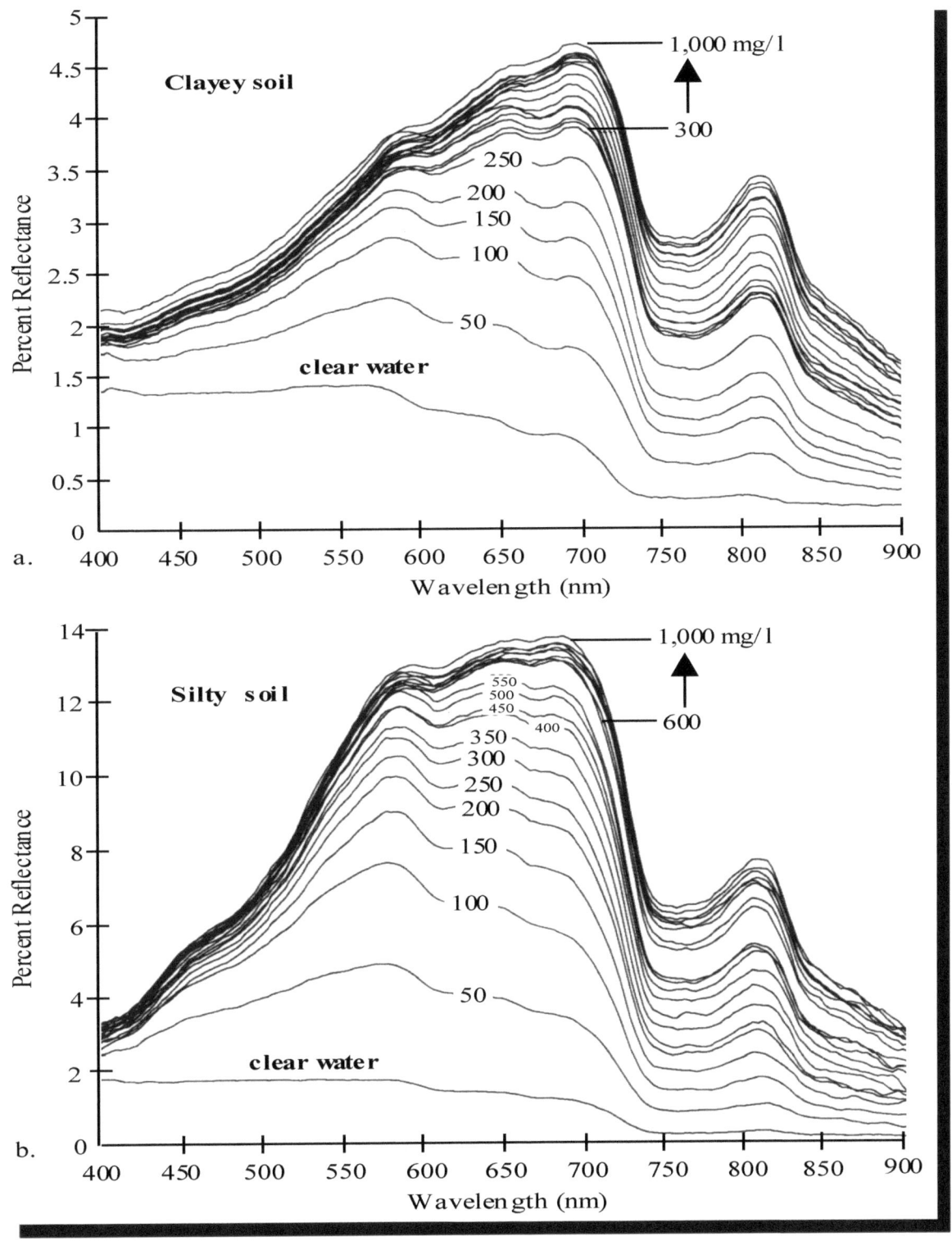

Fig. 4.12: misure spettroradiometriche in situ su acqua limpida e
con concentrazione di solidi sospesi argillosi e limosi variabile

Alcune indicazioni di massima sulle bande da utilizzare sono di seguito riportate in tabella:

Table 9: Optimum wavelengths for the remote sensing of suspended solids as suggested by Roberts et al. (1995).

Wavelength (nm)	TSS range (mg/l)	Accuracy (%)	r^2
600-700	1-148	65	0.92
700-800	50-250	40	0.86

In letteratura il metodo più diffuso per la mappatura dei TSS è quello di campionare l'acqua in corrispondenza dell'acquisizione delle immagini. Quindi si cerca di trovare una legge statistica (regressione semplice o multipla) che leghi le concentrazioni misurate nei punti a mare con i valori di radianza misurati dal sensore remoto negli stessi punti. Alcune volte si cerca di combinare i valori misurati in più bande; si tratta di procedure sito-specifiche che danno ottimi risultati ma occorre sempre realizzare le c.d. "campagne di verità a mare". Pertanto per quanto concerne la torbidità, una classica relazione tra il segnale acquisito e la torbidità (Jackson Tubidity Units – JTU) è del tipo:

$$\text{Turb} = a - b * x \quad \text{con } x = (r_v/(r_b + r_v + r_r))$$

oppure:
$$\text{Turb} = a - b * r_v + c * r_r - c * (r_r/r_v)$$

(i coefficienti devono essere tarati sulla base di misure in mare).

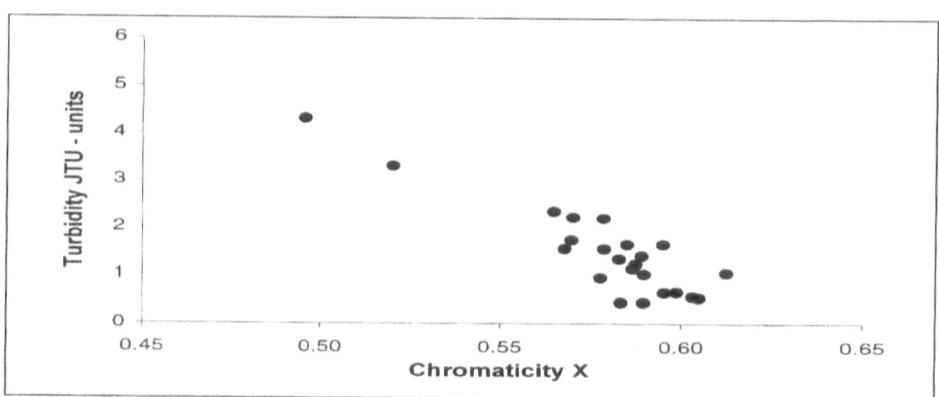

Fig. 4.13: correlazione tra concentrazione e riflessione

I solidi sospesi sono uno dei parametri monitorati con successo mediante telerilevamento, ciò perché esistono delle forti correlazioni tra le concentrazioni e la riflessione nel visibile e nel vicino infrarosso. Anche piccole concentrazioni di solidi sospesi fanno incrementare la rilfettanza di volume. Questo incremento è tanto più pronunciato quando più lunghe sono le lunghezze d'onda. In particolare, all'aumentare della concentrazione, il picco di riflettanza si sposta verso le onde lunghe; tuttavia per alte concentrazioni il legame tra riflettanza e concentrazioni non è lineare. Un classico esempio di algoritmo che lega la concentrazione di TSS con la riflettanza è:

$$\ln (\text{TSS}) = 3.08 + 1.70 \ln (r_{570}) \text{ (Tassan, 1987)}$$

dove TSS è la concentrazione di solidi sospesi (mg/l) e r_{570} è la riflettanza a 570 nm.

Un'altra formulazione è quella di Lathrop: $\text{TSS} = 0.0125 \exp (12.9 \ast (r_r/r_b)$

In genere se si usa solo una banda è preferibile utilizzare quella del verde, anche se una qualunque banda del visibile e del vicino IR mostra una buona correlazione.

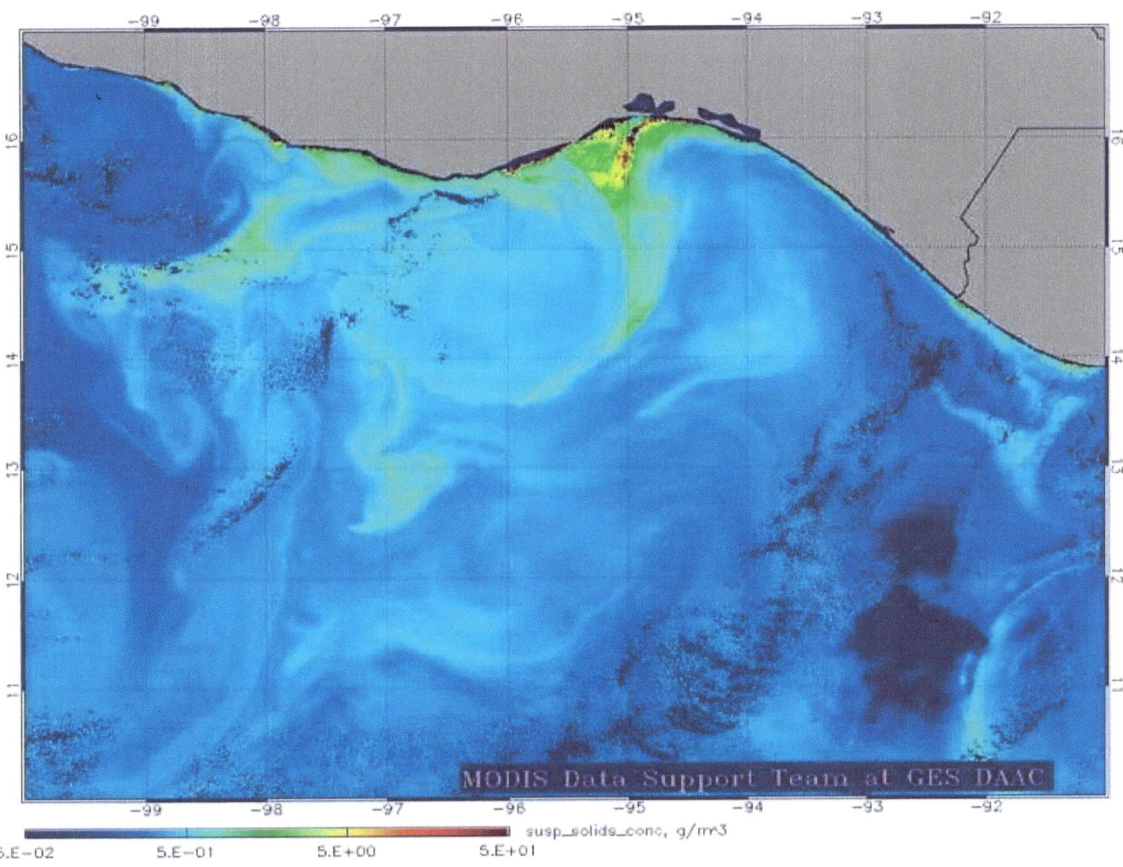

Fig. 4.14: riscontro della concentrazione di solidi in sospensione

83

4.5 LIDAR

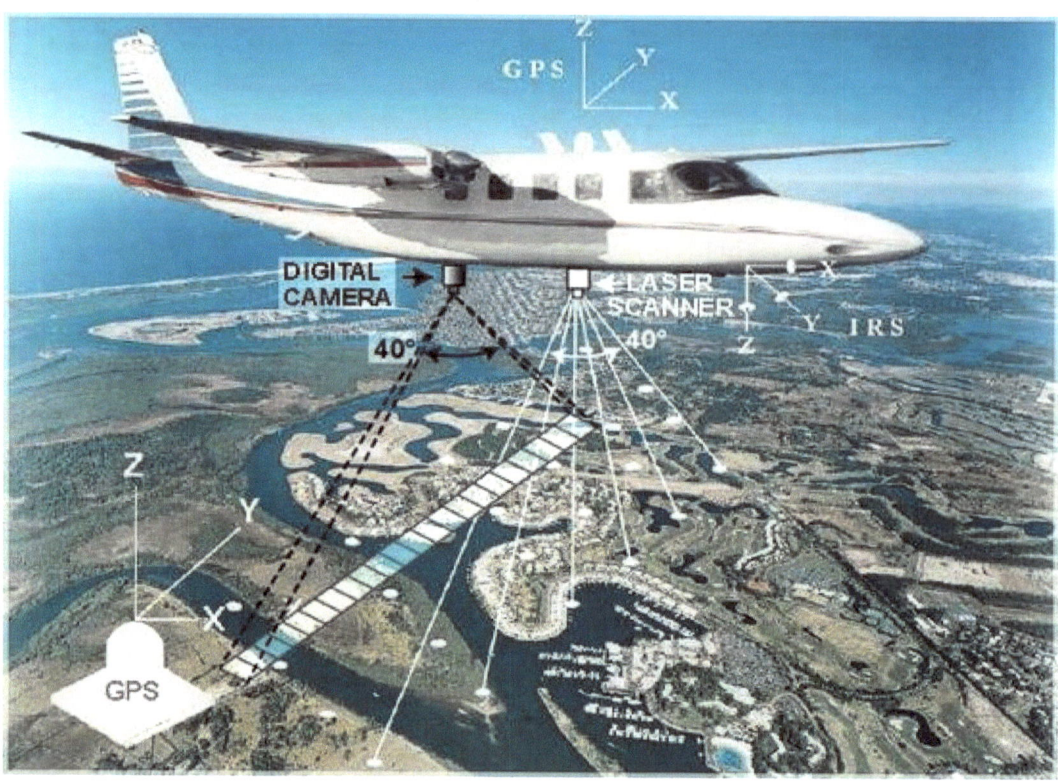

Fig. 4.15: schema esemplificativo di apparato Lidar montato su vettore aereo

Il LIDAR (Light Detection and Ranging o Laser Imaging Detection and Ranging) è una tecnica di telerilevamento che permette di determinare la distanza di un oggetto o di una superficie utilizzando un impulso laser, oltre a determinare la concentrazione di specie chimiche nell'atmosfera. Come per il radar, che al posto della luce utilizza onde radio, la distanza dell'oggetto è determinata misurando il tempo trascorso fra l'emissione dell'impulso e la ricezione del segnale retrodiffuso. La sorgente di un sistema Lidar è un laser, ovvero un fascio coerente di luce ad una ben precisa lunghezza d'onda, che viene inviato verso il sistema da osservare. La tecnologia Lidar ha applicazioni in geologia, sismologia, rilevamento remoto e fisica dell'atmosfera. Altri termini per questa tecnica sono ALSM (Airborne Laser Swath Mapping) ed *altimetria laser*. L'acronimo LADAR (Laser Detection and Ranging) si usa spesso in ambito militare. Anche il termine *radar laser* viene a volte usato, ma è fuorviante perché la sorgente usata è ottica e non radio, con proprietà e comportamenti del tutto particolari. La principale differenza fra il Lidar ed il radar è che il lidar usa lunghezze d'onda ultraviolette, nel visibile o nel vicino infrarosso; questo rende possibile localizzare e ricavare immagini ed informazioni su oggetti molto piccoli, di dimensioni pari alla lunghezza d'onda usata. Perciò il lidar è molto sensibile agli aerosol ed al particolato in sospensione nelle nuvole ed è molto usato in meteorologia ed in fisica dell'atmosfera. Affinché un oggetto rifletta un'onda elettromagnetica, deve produrre una

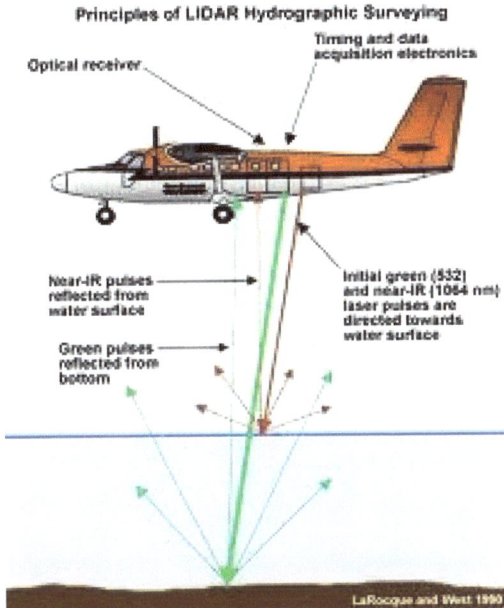

Fig. 4.16: schema inerente i principi di funzionamento del LIDAR

discontinuità dielettrica; alle frequenze del radar (radio o microonde) un oggetto metallico produce un buon eco, ma gli oggetti non-metallici come pioggia e rocce producono riflessioni molto più deboli, ed alcuni materiali possono non produrne affatto, risultando a tutti gli effetti invisibili ai radar. Questo vale soprattutto per oggetti molto piccoli come polveri, molecole ed aerosol. I laser forniscono una soluzione a questi problemi: la coerenza e densità del fascio laser è ottima e la lunghezza d'onda è molto più breve dei sistemi radio, e può andare dai 10 micron a circa 250 nm. Onde di questa lunghezza sono riflesse ottimamente dai piccoli oggetti, con un comportamento detto retrodiffusione. Il tipo esatto di retrodiffusione sfruttato può variare: in genere si sfruttano la diffusione Rayleigh, la diffusione Mie e la diffusione Raman, oltre che la fluorescenza. Le lunghezza d'onda dei laser sono ideali per misurare fumi e particelle in sospensione aerea (aerosol), nuvole e molecole nell'atmosfera. Un laser ha in genere un fascio molto stretto, che permette la mappatura di caratteristiche fisiche con risoluzione molto alta, paragonata a quella del radar. Inoltre molti composti chimici interagiscono più attivamente con le lunghezze d'onda del visibile che non con le microonde, permettendo una definizione anche migliore: adatte combinazioni di laser permettono la mappatura remota della composizione dell'atmosfera rilevando le variazioni dell'intensità del segnale di ritorno in funzione della lunghezza d'onda. Lo sviluppo del GPS negli anni ottanta ha reso possibile e pratico lo sviluppo di apparecchiature lidar aviotrasportate o su satelliti artificiali, a scopo di mappatura e rilevamento. Sono stati sviluppati molti strumenti del genere: un esempio è il Lidar sperimentale per ricerca avanzata della NASA.

Il Progetto

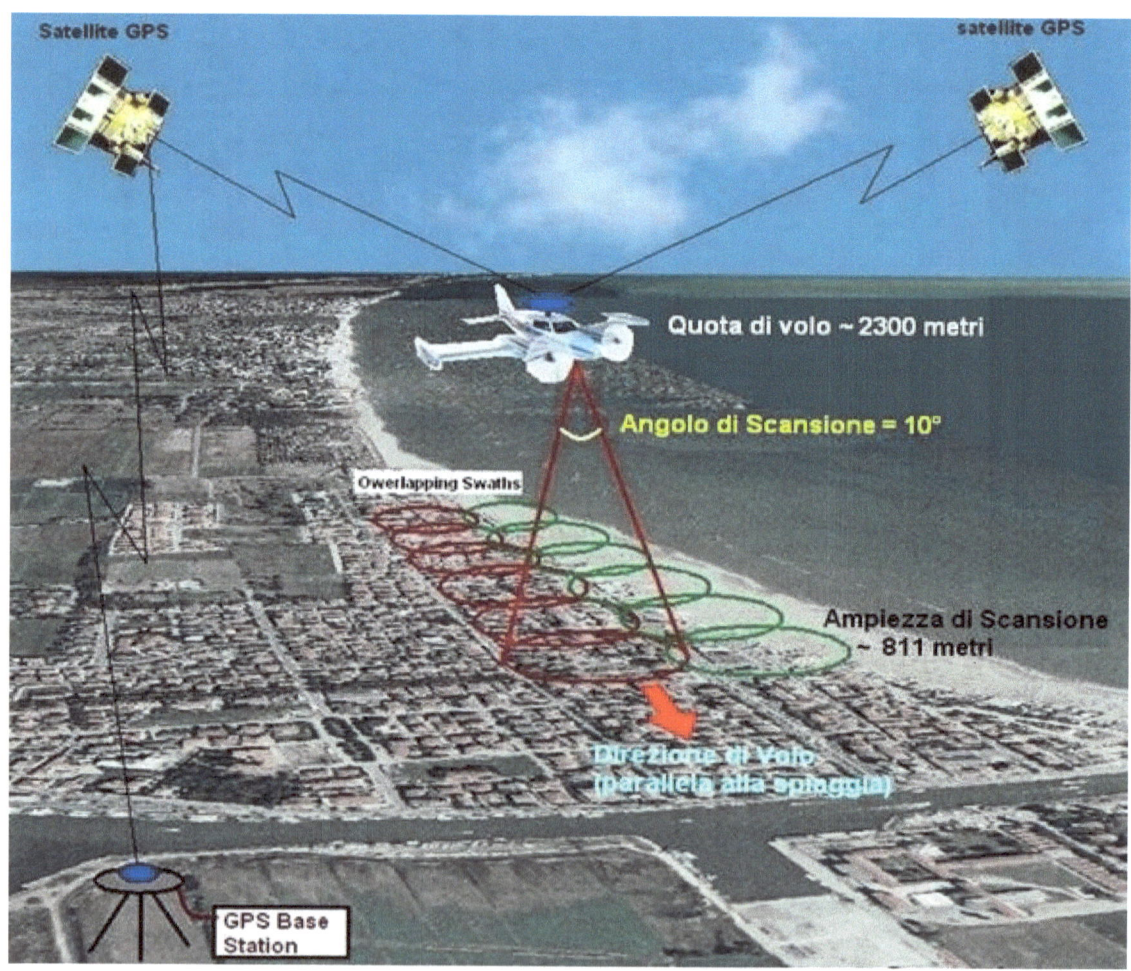

Fig. 4.17: raffigurazione di mappatura costiera con LIDAR

In genere ci sono due tipi di sistemi Lidar: Lidar a microimpulsi e Lidar ad alta energia. I sistemi a microimpulsi sono stati sviluppati recentemente, come risultato della sempre crescente potenza di calcolo disponibile e dei progressi nella tecnologia dei laser. Questi nuovi sistemi usano potenze molto basse, dell'ordine di un watt, e sono spesso completamente sicuri (non richiedono cioè particolari precauzioni per il loro impiego). I Lidar ad alta energia invece sono comuni nello studio dell'atmosfera, dove sono impiegati per il rilevamento di molti parametri atmosferici come altezza, stratificazione e densità delle nubi e proprietà del particolato che contengono (coefficiente di estinzione, di retrodiffusione, depolarizzazione), temperatura, pressione, umidità, venti, concentrazioni di gas traccia (ozono, metano, ossido nitroso ecc.).

Un Lidar è composto dai seguenti sistemi:

1. Laser — i laser da 600-1000 nm sono i più comuni per applicazioni non scientifiche. Sono economici, ma poiché la loro luce può essere messa a fuoco ed assorbita dall'occhio umano, la loro massima potenza è limitata dalla necessità di renderli sicuri per chi li usa. La sicurezza di impiego è spesso un requisito fondamentale per molte applicazioni; una alternativa comune sono i laser su 1550 nm, che sono sicuri per potenze molto più alte poiché la loro frequenza non viene messa a fuoco dagli occhi, ma la tecnologia dei rivelatori per queste frequenze è meno avanzata e permette distanze e precisione minori. I laser da 1550 nm sono molto usati anche dai militari, perché tale frequenza non è visibile ai visori infrarossi per visione notturna, diversamente dai laser infrarossi da 1000 nm. I Lidar aerotrasportati per mappatura topografica usano di solito laser YAG da 1064 nm con diodi, mentre i sistemi batimetrici, benché usino lo stesso tipo di laser, ne raddoppiano la frequenza lavorando a 532 nm, in quanto questa frequenza penetra l'acqua con molta meno attenuazione. I parametri del laser comprendono il numero di impulsi al secondo (che determina la velocità di acquisizione dei dati). La durata dei singoli impulsi è in genere determinata invece dalla dimensione della cavità laser dal numero di passaggi attraverso il mezzo amplificatore (YAG, YLF, ecc.), e

dalla velocità del commutatore (Q). Tanto più brevi sono gli impulsi, tanto migliore è la risoluzione del bersaglio, posto che i rivelatori e l'elettronica del lidar abbiano banda passante sufficiente.

2. Scanner ed ottica — La velocità con cui l'immagine viene creata è determinata anche dalla velocità della scansione meccanica del fascio laser. Ci sono molti modi di costruire uno scanner ottico: specchi piani oscillanti, specchi poligonali, specchi rotanti, scanner poligonali o una combinazione di questi. La scelta delle ottiche influenza la risoluzione angolare e la distanza minima e massima a cui il lidar è efficace. Il segnale di ritorno viene raccolto con uno specchio forato o con un divisore di fascio.

3. Ricevitore ed elettronica — I ricevitori possono essere costruiti con molti materiali. Due molto comuni sono silicio ed arseniuro di gallio ed indio impiegati in *diodi PIN o fotodiodi a valanga*. La sensibilità del ricevitore è un altro parametro che deve essere considerato nella progettazione di un sistema lidar.

4. Sistemi di localizzazione e navigazione — I sensori lidar montati su piattaforme mobili come aerei o satelliti hanno bisogno di conoscere la loro posizione assoluta e l'orientamento del loro sensore. Il modo più comune di ottenere queste informazioni sono un ricevitore GPS ed una piattaforma inerziale.

Le Applicazioni

In geologia e sismologia la combinazione di GPS e Lidar aerotrasportati è diventata uno degli strumenti principali per il rilevamento di faglie, subsidenze ed altri movimenti geologici: la combinazione di queste due tecnologie può fornire mappe altimetriche del terreno estremamente accurate, che possono rivelare l'elevazione del suolo anche attraverso la copertura degli alberi. Questa tecnica fu resa famosa presso il grande pubblico americano durante la mappature della faglia di Seattle nello stato di Washington. I sistemi Lidar aerei sono usati per monitorare i ghiacciai ed hanno la capacità di rivelare la minima crescita o diminuzione.

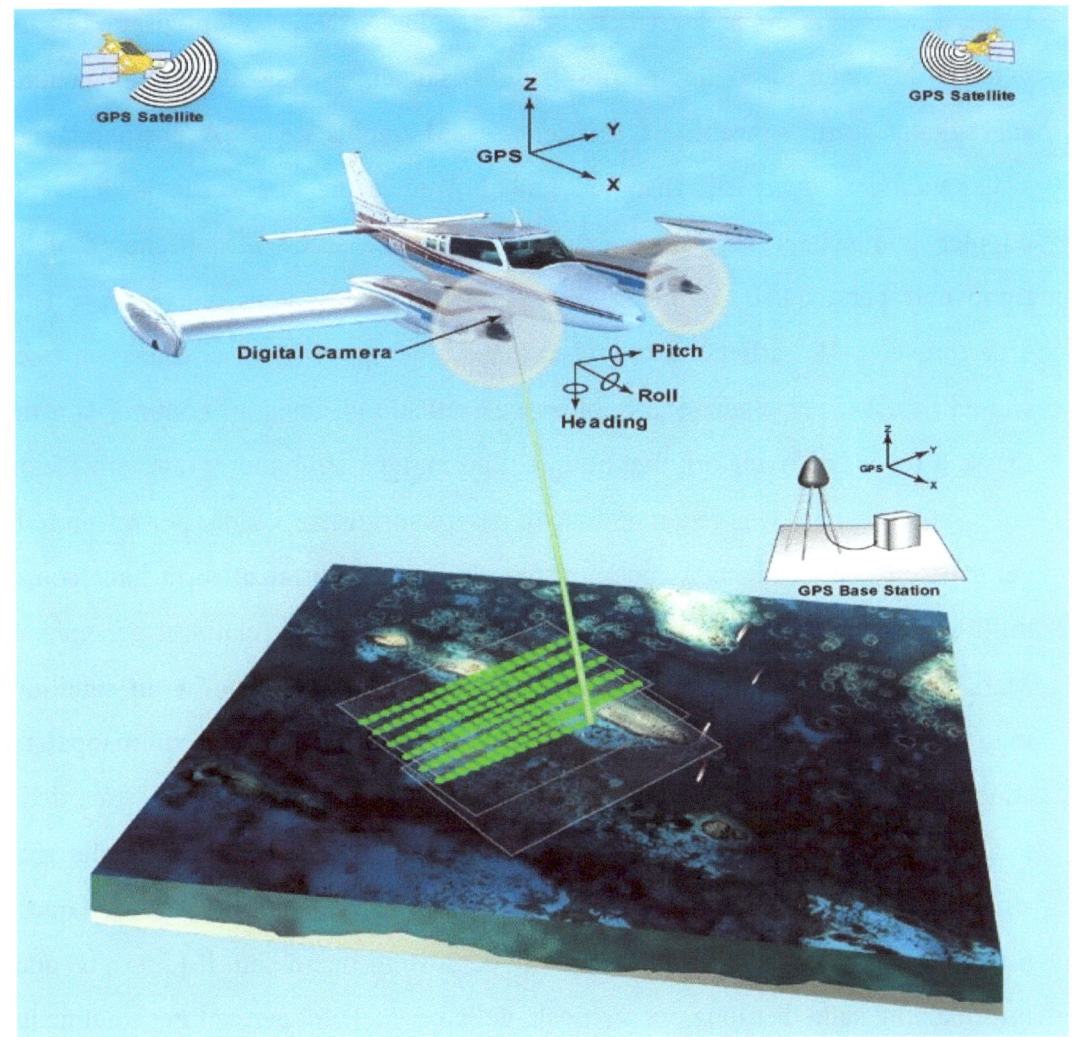

Fig. 4.18: Il LIDAR trova applicazione anche nella mappatura batimetrica costiera

Il satellite ICESat della NASA monta un Lidar a questo scopo e l'*Airborne Topographic Mapper*, sempre della NASA, è usato intensamente per la sorveglianza glaciologica e della morfologia costiera. Il Lidar aereo ha trovato ulteriore uso nella silvicoltura; con tali strumenti si possono studiare le coperture arboree delle foreste, misurare la biomassa presente e studiare la zona del fogliame. Allo stesso modo, il Lidar è usato da molte industrie - ferrovie, settori energia e trasporti - come un sistema veloce di sorveglianza. Il

Lidar può anche misurare la velocità dei venti atmosferici: alcuni sistemi Lidar doppler sviluppati dalla NASA sono in grado di misurare la velocità del vento lungo una linea. I Lidar a scansione come l'HARLIE sempre della NASA, è stato usato per misurare la velocità del vento in un ampio cono tridimensionale, estendendo le applicazioni sino alla sorveglianza degli uragani. La missione ADM-Aeolus dell'ESA è equipaggiata con un sistema *Lidar doppler* per mappare globalmente la velocità verticale dei venti. I Lidar doppler cominciano ad essere usati anche, con successo, nel campo delle energie rinnovabili per acquisire informazioni sulla velocità e direzione del vento, sulla turbolenza e per prevedere le raffiche improvvise. Per queste applicazioni si usano sia laser continui che ad impulsi: per ottenere la risoluzione verticale gli apparati continui si affidano sulla messa a fuoco dei rivelatori, mentre quelli ad impulsi sfruttano la temporizzazione precisa del segnale emesso. Una rete mondiale di osservatori usano i Lidar per misurare la distanza dei riflettori collocati sulla luna, misurando così la distanza terra-luna con precisione millimetrica e rendendo possibile un test sulla teoria della relatività generale. MOLA, il Mars Orbiting Laser Altimeter, ha usato uno strumento Lidar in un satellite in orbita intorno a Marte (il Mars Global Surveyor) per ricavare una mappa topografica straordinariamente accurata dell'intera superficie del pianeta rosso. In fisica dell'atmosfera il Lidar si usa per misurare a distanza la densità di certi costituenti della media e alta atmosfera come il potassio, il sodio, l'azoto e l'ossigeno molecolare; queste misure permettono poi di calcolare le temperature degli strati interessati. Il Lidar può anche fornire informazioni sulla distribuzione verticale delle particelle di aerosol eventualmente presenti. In oceanografia i Lidar forniscono una stima della fluorescenza del fitoplancton ed in generale delle biomasse negli strati superficiali dell'oceano. Un altro uso è la batimetria, con apparati aerei, di secche e zone di mare non abbastanza profonde per le navi oceanografiche. Un'importante applicazione non-scientifica del Lidar è nel controllo del traffico da parte delle autorità di polizia, per controllare la velocità dei singoli veicoli, come alternativa pratica alle pistole radar manuali. Un Lidar costruito per questo scopo può essere abbastanza piccolo e leggero da venire impugnato con una sola mano senza difficoltà; la superiore risoluzione del Lidar permetterebbe di controllare la velocità di un singolo veicolo anche in un flusso di traffico molto denso, dove invece i normali radar doppler per controllo traffico vengono confusi dal numero di eco diverse e contemporanee. Per quanto riguarda applicazioni militari di Lidar sul campo, è in corso un intenso lavoro di ricerca e sviluppo sul problema della generazione di immagini dai dati Lidar; la loro maggiore risoluzione li rende particolarmente adatti per ricavare immagini tanto dettagliate da permettere di riconoscere il tipo esatto di bersaglio. Questo tipo di applicazioni vengono chiamate LADAR. Esistono vari modi di ricavare un'immagine da un sistema laser: la distinzione principale è fra sistemi a scansione e sistemi a sorgente fissa. I sistemi a scansione si possono ulteriormente dividere in due sottogruppi a seconda del modo in cui il fascio laser viene fatto passare sull'area di scansione. Con la scansione lineare (LLS, o Laser Line Scanner) il laser viene mantenuto in un raggio sottile che "legge" l'area di scansione riga per riga, con una scansione di tipo televisivo. Con la scansione a ventaglio invece il fascio laser viene allargato a formare un ventaglio piatto che passa su tutta l'area da coprire in una sola volta. Si possono ottenere immagini 3D sia con sistemi fissi che con quelli a scansione. Il cosiddetto *3-D gated viewing laser radar* è una tecnologia senza scansione che impiega un laser a impulsi ed una videocamera ad otturatore ultrarapido. Esistono programmi di ricerca militare su questo tipo di Lidar almeno in Svezia, Danimarca, Stati Uniti ed Inghilterra: attualmente sono noti risultati di immagini 3D di bersagli ottenuti a chilometri di distanza con una risoluzione di meno di 10 centimetri.

Fig. 4.19: esempio di risultato ottenibile con LIDAR su vettore aereo

Applicazioni del sensore LIDAR in ambito biologico

I sensori Lidar sono ampiamente utilizzati in ambiente terrestre come strumento di mappatura degli habitat in cui vengono generalmente impiegati per studiare la densità delle foreste e parametri strutturali quali ad esempio l'altezza degli alberi e il tipo di foresta, per analizzare lo stato di salute e la fitofenologi. Diversi risultano anche gli studi da remoto condotti sulla vegetazione delle dune costiere come ad esempio quelli condotti rispettivamente lungo le coste centrali del Texas e del Molise che hanno evidenziato l'utilità, la rapidità e l'efficacia del rilevamento da remoto per la stima dell'altezza delle dune costiere e della copertura vegetale. In entrambi gli studi il confronto tra i dati telerilevati e le misure di campo è risultato fondamentale per la validazione dell'interpretazione dei dati dimostrando che il solo rilevamento da remoto potrebbe portare degli artefatti nella stima della quota effettiva del sistema dunale, proprio a causa della presenza di una fitta copertura vegetale. In ambiente marino costiero il Lidar batimetrico, ed in particolare l'*Hawk Eye,* è uno strumento ampiamente utilizzato per gli studi sulla vegetazione bentonica, sulla clorofilla, per il monitoraggio del fitoplancton, dello zooplancton e dei banchi di pesci. E' inoltre utilizzato per monitorare l'espansione urbana nelle zone costiere, versamenti di oli e gas, l'erosione delle coste e le correnti marine. Per quel che riguarda il monitoraggio del fitoplancton, in uno studio condotto in laboratorio su colture algali di campioni prelevati lungo le coste italiane del Nord Adriatico e del Nord Tirreno, è stato dimostrato che è possibile caratterizzare diverse associazioni algali attraverso misure di fluorescenza laser-indotta. Tale studio ha dimostrato la possibilità di impiegare i sistemi di rilevamento basati su sensori laser per il monitoraggio della distribuzione spaziale di diversi *taxa algali* anche per fini previsionali sui *bloom algali.* Secondo questo studio il *Lidar-fluorosensor system,* combinando l'emissione di clorofilla con altri pigmenti, permetterebbe di mappare la distribuzione spaziale dei vari *taxa algali* anche su una scala molto ampia. In uno studio condotto nel golfo di St. Lawrence ed in una baia a sud della penisola di Liaodong, è stata dimostrata l'efficacia dell'impiego della tecnologia Lidar per stimare la concentrazione superficiale di clorofilla a in ambienti costieri. La tecnologia Lidar, utilizzata negli studi sullo zooplancton e sui banchi di aringhe nel nord Pacifico, così come gli studi condotti in Florida e nella Baia di Biscay su alcuni banchi di pesce e nelle acque della Norvegia sui banchi di Scomber scombrus, generalmente permette di valutare la distribuzione spaziale di tali organismi ed i loro modelli di aggregazione, indubbiamente importanti per meglio comprendere la variabilità biologica e temporale di tali aggregazioni. Numerosi sono anche gli studi relativi alla topografia e complessità (es. rugosità) delle colonie di coralli e quelli relativi alla mappatura delle praterie di posidonia oceanica. La mappatura delle foreste di mangrovie per ottenere dati di altezza e biomassa effettuata nel Parco Nazionale degli Evergladess (Florida) con il Lidar e quella delle praterie di p. oceanica con la stessa tecnologia sono pratiche ampiamente utilizzate ai fini della tutela e della gestione di questi habitat costieri. Per incrementare l'accuratezza del rilevamento da remoto, generalmente il Lidar viene accoppiato a sistemi iperspettrali. Nell'ambiente marino costiero tali sistemi vengono normalmente impiegati per rilevare le caratteristiche topografiche, batimetriche e sedimentologiche di un fondo. La conoscenza di queste caratteristiche strutturali del fondo e lo stretto legame esistente tra i popolamenti bentonici ed il fondo stesso consentirebbe di predire, con buona approssimazione, la tipologia di popolamento presente e permetterebbe quindi la redazione di mappe di distribuzione di probabilità di tali popolamenti. L'impiego di questa tecnologia è in via di sperimentazione e, al fine di validare il dato ottenuto, i diversi studi che sono stati condotti hanno previsto in parallelo un campionamento in mare o hanno fatto riferimento a dati bibliografici.

4.6   Telerilevamento applicato: vari esempi

Mappatura di alcuni macrodescrittori della qualità delle acque del lago di Iseo da dati Mivis

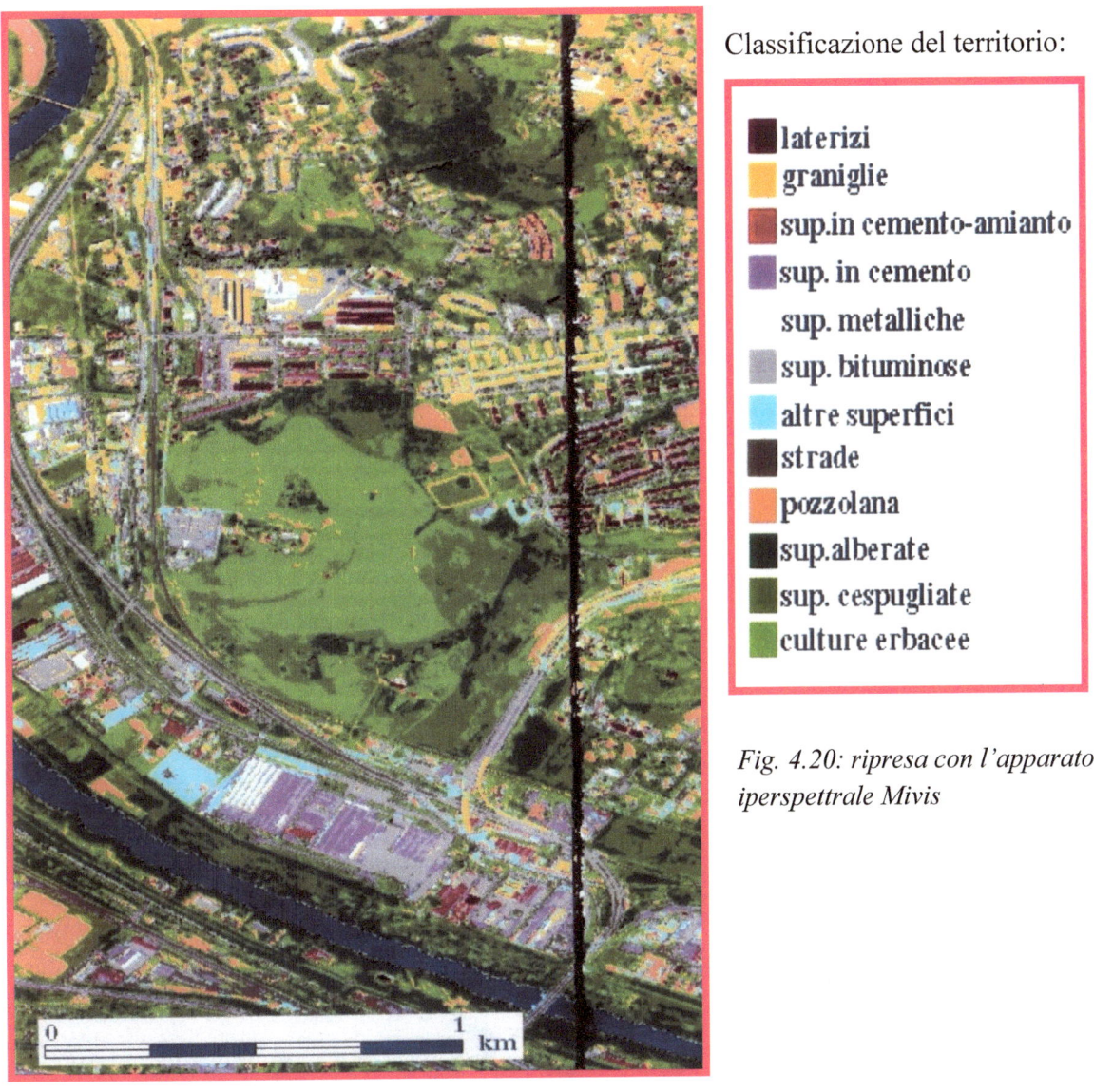

Classificazione del territorio:

- laterizi
- graniglie
- sup.in cemento-amianto
- sup. in cemento
- sup. metalliche
- sup. bituminose
- altre superfici
- strade
- pozzolana
- sup.alberate
- sup. cespugliate
- culture erbacee

Fig. 4.20: ripresa con l'apparato iperspettrale Mivis

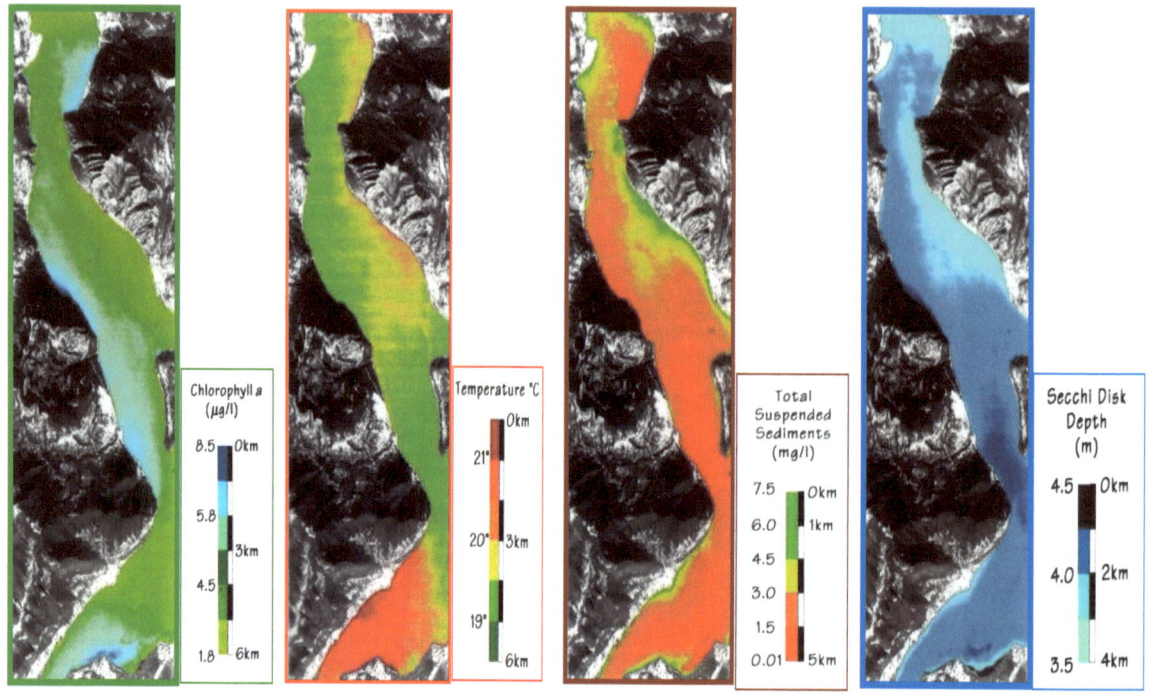

Fig. 4.21: riprese apparato Sensytech 3505: canale I.R. 24.7.2008 ore 05.36 GMT

Litorale di Salerno - Individuazione scarichi

*Fig. 4.22: in colore rosso vengono riportate le sole coperture in cemento-amianto
riconosciute nella classificazione, ottenute attraverso il riconoscimento
spettrale del materiale presente nella scena*

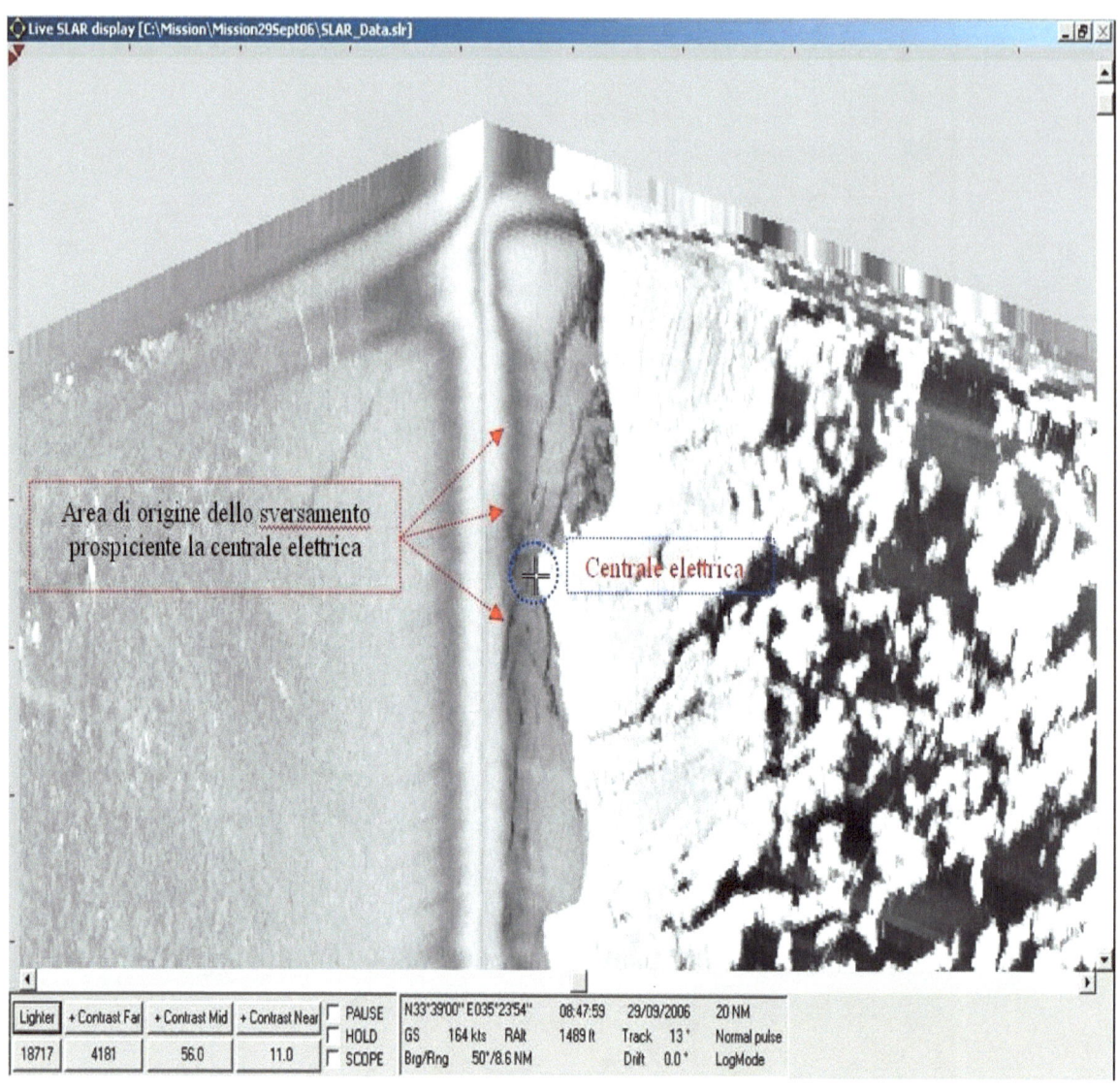

Fig.4.23: ripresa con apparato Slar. Litorale del Libano (29.9.2006)

Fig. 4.24: riprese apparato Sensytech 1268. Libano (28.9.2006).

Tratto di litorale contaminato da idrocarburi

Fig. 4.25: litorale di Palermo - baia di Modello. Mappa dei coefficienti di attenuazione diffusa.

Fig. 4.26: ripresa apparato Sensytech 1268. Canale I.R.in density slicing Suolo: composizione canali 5-4-2 in rgb. Litorale di Falconara Marittima. Individuazione temperatura scarichi.

CAPITOLO V: IL SISTEMA COSTIERO:
APPLICAZIONI DEL REMOTE SENSING

Fig. 5.1: il sistema costiero è dipendente da numerosi parametri di diversa natura

La zona costiera è lo spazio in cui ambienti terrestri influenzano ambienti marini e viceversa. L'ambiente costiero è un sistema altamente dinamico dove i fenomeni di erosione, e quindi di arretramento, o di avanzamento della linea di costa sono controllati da numerosi fattori meteoclimatici, geologici, biologici ed antropici. La linea di costa, zona di contatto tra il terreno ed il mare, necessita di un costante monitoraggio a causa della sua natura dinamica e mutevole. Sebbene in generale il "clima" sia da considerarsi come il principale motore degli agenti modificatori, localmente ciascuno degli altri parametri può assumere una prevalenza significativa. Si può in particolare pensare a:

- subsidenza naturale o indotta da estrazioni di fluidi dal sottosuolo;
- ruolo di difesa delle piane costiere da parte dei sistemi dunali;

- mancato apporto di sedimenti verso costa causato dall'alterazione dei cicli sedimentari per intervento antropico nei bacini idrografici (sbarramenti fluviali, regimazioni idrauliche, estrazioni di materiali alluvionali);

- influenza sulla dinamica litoranea dei sedimenti intercettati dalle opere marittime (opere portuali e di difesa) e delle infrastrutture viarie ed urbanistiche costiere.

Fig. 5.2: spiaggia in erosione

Un'adeguata conoscenza delle molteplici fenomenologie che caratterizzano i litorali è indispensabile per procedere alla realizzazione di interventi strutturali che producano risultati soddisfacenti nella difesa dall'erosione, determinando impatti ambientali sostenibili nel medio-lungo periodo. A tal fine è necessario un approccio metodologico integrato tra dati geologici e storici, osservazioni sperimentali e modelli teorico-numerici, tenendo opportunamente conto delle indicazioni empiriche fornite dagli interventi già realizzati in situazioni simili. La grande biodiversità dell'ambiente marino costiero è determinata principalmente dalla enorme variabilità dei fattoti ambientali che interagiscono in quest'ambiente creando tra le più varie e complesse situazioni. I fattori ambientali in mare possono essere suddivisi in due grandi tipologie: i fattori climatici e quelli edifici. Ai primi appartengono l'umidità, la luce, la temperatura e la pressione, mentre ai secondi, che presentano variazioni a carattere locale, l'idrodinamismo, la salinità, il tipo di substrato, il trofismo del sistema.

Fig. 5.3: prateria di posidonia oceanica

L'andamento e l'interazione di questi fattori determinano, in larga parte la distribuzione e la struttura delle comunità, anche se rimangono altrettanto importanti i *biotici* ed i *biogeografici*. Lo studio delle comunità marine è necessario per descrivere l'andamento spaziale e temporale dell'ecosistema, ma anche per stabilire quale sia il ruolo dei diversi fattori ambientali nel determinarne distribuzione e struttura. A sua volta la presenza di un popolamento in un'area ne evidenzia le caratteristiche ambientali. Rapporto interessante da un punto di vista applicativo in quanto, conoscendo le risposte dell'organismo o della comunità al cambiamento di alcuni parametri, è possibile identificare un certo numero di descrittori ambientali (parametri fisici, chimici, geomorfologici, biologici) capaci di misurare la qualità ecologica di un ambiente in funzione del suo grado di eterogeneità e complessità.

Fig. 5.4: spiaggia in accrezione

Essendo una zona di transizione l'ambiente costiero è caratterizzato dalla presenza di numerosi gradienti che coinvolgono la maggior parte dei fattori ambientali: in uno spazio limitato si passa dalle acque costiere alle acque interne, dalla pianura all'alta quota, dagli ambienti umidi a quelli asciutti, ecc. In altre parole, le zone costiere concentrano un'alta diversità di habitat in una piccola estensione. Inoltre, all'elevata diversità spaziale si affianca una marcata fluttuazione temporale dei parametri ambientali, dato che i fattori ecologici che agiscono in ambiente costiero sono altamente dinamici. Queste caratteristiche fanno sì che le zone costiere siano contraddistinte da elevati livelli di biodiversità e da una notevole complessità ecologica; le aree marine costiere del Mediterraneo in particolare sono seconde soltanto a quelle tropicali per ricchezza in specie. A testimonianza di ciò si può citare il fatto che in Europa le zone costiere rappresentano solo l'11% del territorio ma ospitano ben il 50% delle piante indigene europee, e 50.000 km2 di costa sono incluse nella "Rete Natura 2000" perché dimora di un habitat (nel 40% dei casi) o di una specie, di interesse europeo (Allegati I e II della Direttiva "Habitat" 92/43/CEE). Gli ambienti costieri rappresentano la culla di ecosistemi tra i più complessi e produttivi esistenti al mondo, tra i quali si possono citare le barriere coralline, le praterie di fanerogame ed in particolare di posidonia oceanica nel Mediterraneo, gli ecosistemi a mangrovie, ecc. La ricchezza ecologica delle zone costiere fa sì che in esse si concentri anche la gran parte delle attività antropiche, che beneficiano degli elevati livelli di biodiversità e dei servizi ecosistemici offerti da questi habitat di transizione. La metà della popolazione europea vive a meno di 50 chilometri dal mare, con i picchi di maggiore densità lungo le coste del Mediterraneo e questo trend è in continua ascesa. Del resto le aree costiere sono molto produttive e sono perciò la sede logica di molte attività socio-economiche: dagli insediamenti ai trasporti, dall'agricoltura alla pesca ed acquicoltura, dall'estrazione delle materie prime allo smaltimento dei rifiuti, dall'industria al turismo. In questo contesto di alta complessità e fragilità ecosistemica, non è ancora chiaro come le relazioni tra biodiversità e dinamica influenzino l'evoluzione del sistema marino costiero. La complessità spaziale di questi ambienti e delle dinamiche che li regolano porta verso l'esigenza di *spazializzare* i dati di natura ecologica e geologica. Il telerilevamento in questo contesto fornisce la sinotticità e la multitemporalità che si necessitano, e che non è altrimenti possibile raggiungere con i metodi tradizionali.

Fino al 1927 tutte le mappe della linea di costa erano generate tramite campagne di rilievo sul terreno, solo dopo tale anno si comincio a sfruttare appieno il potenziale dei fotogrammi aerei, i quali rimasero l'unica risorsa per la mappatura costiera fino all'inizio degli anni '80. La tecnica fotogrammetrica presentava però alcuni svantaggi: il numero di fotogrammi necessari per una completa mappatura costiera era elevato, il dato era analogico e non digitale, l'uso di immagini in bianco e nero rendeva difficile l'identificazione della linea di costa. A partire dal 1972, con il lancio dei primi satelliti, gli studiosi cominciarono ad avere le prime immagini digitali nelle bande spettrali, dell'infrarosso, in cui l'interfaccia terra-mare era ben definita; da allora il dato da satellite cominciò ad affermarsi quale strumento per la generazione e l'aggiornamento delle mappe costiere. Il Telerilevamento è diventato ormai uno strumento cruciale per lo studio del territorio.

Fig. 5.5: il delta del Po ripreso dal satellite Landsat7ETM+ (Enhanced Thematic Mapper Plus), il più recente della serie Landsat. Si differenzia dai suoi predecessori per la capacità di scattare foto con una risoluzione maggiore nell'infrarosso termico (60m invece che 120m).

5.1 Trasporto di grandezze conservative e non conservative

Una spiaggia è come un organismo vivo, costantemente in funzione, sotto l'azione delle onde e delle correnti. La movimentazione dei sedimenti costituisce la principale causa della mutevolezza dei litorali, caratterizzati da processi dinamici che intervengono contemporaneamente sia nella parte emersa che nella parte sommersa della spiaggia. La parte della spiaggia emersa è legata all'azione del vento e delle maree, mentre la parte sommersa si trova ad esser caratterizzata da fenomeni quali l'azione del moto ondoso che determina la messa in sospensione delle particelle di sedimento e delle correnti (*longshore current*) che ne costituiscono il veicolo di trasporto. Le onde risalgono lungo la spiaggia col flutto montante e tornano indietro con la risacca. Il flutto montante solleva e trasporta sabbia e particelle sempre più pesanti all'aumentare dell'energia del mezzo, mentre la risacca riporta nella posizione originaria solo le particelle più sottili. Tuttavia mentre il flutto montante incide con angoli variabili, la risacca si muove perpendicolarmente alla riva, lungo la linea di massima pendenza. Ciò comporta che il sedimento, in un ciclo completo di flusso e riflusso, viene spostato parallelamente alla riva, nel verso delle onde incidenti, con un caratteristico movimento zig-zag. La componente parallela alla riva delle onde incidenti comporta che si generi una corrente diretta parallelamente alla costa nel verso delle onde incidenti, a questa corrente si dà il nome di longshore current (o nastro trasportatore litoraneo). Il continuo trasporto di acqua operato verso la costa dal moto ondoso comporta, per il principio della continuità dei fluidi, l'instaurarsi di particolari correnti di ritorno, dirette verso il largo, dette rip current (o correnti trasversali). Queste correnti si localizzano spesso in corrispondenza di favorevoli condizioni morfologiche (piccoli avvallamenti e zone di debolezza nelle barre) che possono così favorire un aumento della velocità (fino a 1 m/s). Moto ondoso, rip current e longshore current costituiscono così delle vere e proprie celle di circolazione litoranea che costeggiano ininterrottamente i litorali, formando il sistema di circolazione litoranea. Al largo della costa, ad una distanza variabile in funzione delle caratteristiche del fondale e di quelle del moto ondoso, esiste una zona di minima energia, dove il treno d'onda in arrivo viene annullato dal flusso di ritorno. La caduta di energia che vi si registra determina la deposizione del materiale portato in carico dalle onde e la formazione di una *barra*, che può migrare e, col tempo, anche emergere.

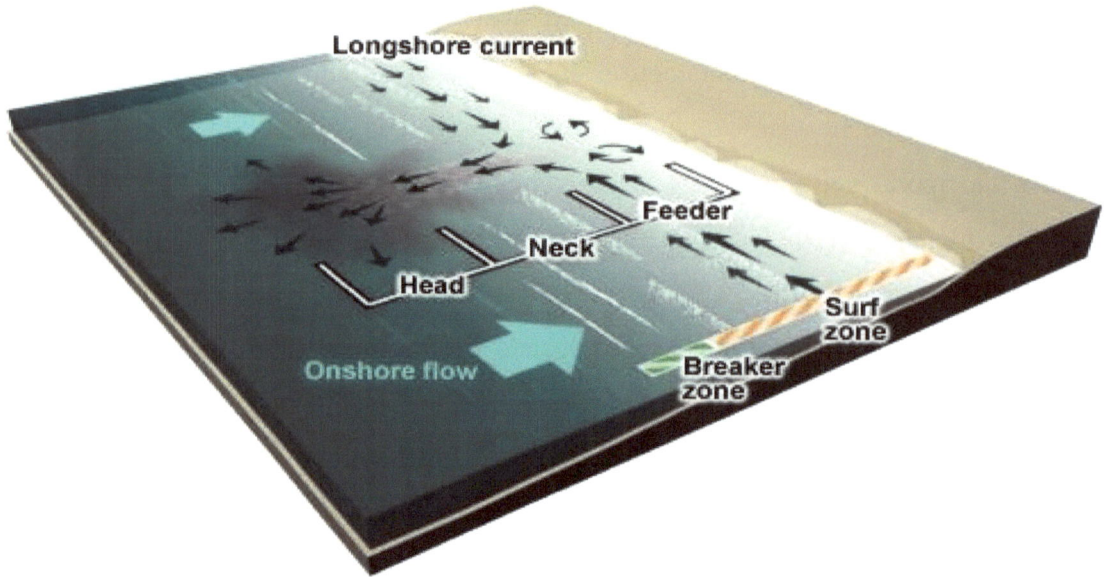

Fig. 5.6: circolazione litoranea indotta dal moto ondoso

Le ricerche di carattere interdisciplinare degli ultimi anni hanno messo in luce un fenomeno molto rischioso: la maggior parte delle aree costiere del pianeta (quasi l'80% di tutte le spiagge esistenti) è esposta in modo crescente all'erosione marina. Tale fenomeno è legato a varie cause, tra cui l'innalzamento del livello del mare (eustatismo) dovuto allo scioglimento dei ghiacciai, l'espansione termica delle masse oceaniche come conseguenza del cambiamento climatico in atto, la subsidenza e la pressione antropica. L'effetto antropico è in grado di produrre sull'erosione costiera effetti similari, se non addirittura superiori, ai movimenti del mare. Il rapporto stilato dall'IPCC 9 nel 2007 individua scenari nei quali l'innalzamento marino di questo secolo, per sole cause climatiche, potrà superare il mezzo metro rispetto al livello attuale. Le conseguenze di questa variazione di livello sugli ecosistemi e le popolazioni rivierasche sono facili da immaginare: basti pensare che in alcune aree un innalzamento delle acque di 1 cm può comportare l'arretramento della linea di riva fino a 1 m. La rilevanza del problema sul territorio nazionale e notevole: degli oltre

7500 km del litorale italiano, il 47% è rappresentato da coste alte e/o rocciose e il 53% da spiagge; di queste ultime il 42% è attualmente in erosione.

5.2 Morfologia e dinamica delle spiagge

La spiaggia propriamente detta è costituita essenzialmente da materiali della granulometria delle sabbie ed è un luogo di equilibrio dinamico sottoposto a continue variazioni e sollecitazioni diverse che possono avere anche caratteri spiccatamente stagionali. In alcuni casi, per esempio, l'azione del moto ondoso, particolarmente intenso durante la stagione invernale, determina l'arretramento della linea di riva verso terra, causato dallo spostamento di materiale incoerente verso mare. Durante la stagione estiva, invece, la spiaggia verrà ricostruita dallo stesso materiale che era andato ad alimentare in inverno una o più *barre* sommerse, che verranno usate per rialimentare la spiaggia emersa durante la bella stagione. Dal punto di vista dinamico una spiaggia può avere zone di alta energia (trasporto e sedimentazione di sabbie) e zone protette, di bassa energia (fango in sospensione); localmente possono incontrarsi ciottoli e ghiaie legati alla presenza di locali fonti di alimentazione (falesie o foci di fiumi). Lo studio di un litorale, e della sua tendenza evolutiva, va pertanto affrontato studiando, per l'*unità fisiografica* considerata, il bilancio costiero (differenza tra la quantità di materiali in entrata ed in uscita nel tratto considerato), riferito a un periodo di tempo sufficientemente significativo (almeno un anno). L'alimentazione detritica, cioè la disponibilità di materiale clastico che, recapitato essenzialmente dai corsi d'acqua, arriva al mare e varia notevolmente, in termini sia quantitativi, sia granulometrici e mineralogici, è funzione delle caratteristiche litologiche predominanti all'interno del bacino di alimentazione; per questo motivo è importante, per conoscere le caratteristiche di una zona costiera, sapere le caratteristiche dei morfotipi costieri e quelle litologiche del bacino di alimentazione sotteso. L'*unità di fisiografica* è il tratto costiero nel quale i materiali che formano o contribuiscono a formare la costa, presentano movimenti confinati all'interno dell'unità stessa o scambi con l'esterno in misura non influenzata da quanto accade al litorale. L'*unità fisiografica* rappresenta anche l'area alla quale ha significato estendere i rilievi inerenti al movimento delle sabbie. L'elemento fisico centrale dell'unità fisiografica, maggiormente soggetto all'influenza degli interventi antropici, è la spiaggia nelle sue componenti, emersa e sommersa. Come è stato già visto in precedenza, la granulometria del materiale deposto è funzione dell'energia del mezzo: lungo la fascia costiera, normalmente ambiente di energia medio-alta, si avrà la deposizione delle sabbie, mentre al largo, lungo la piattaforma, si avrà la deposizione di materiale più fine, della granulometria dell'argilla. Nel processo sedimentario oltre ai materiali solidi (minerali argillosi, granuli di quarzo, feldspati, carbonati, sostanza organica) che vengono fissati sul fondo, intervengono anche la precipitazione e l'adsorbimento dei soluti.

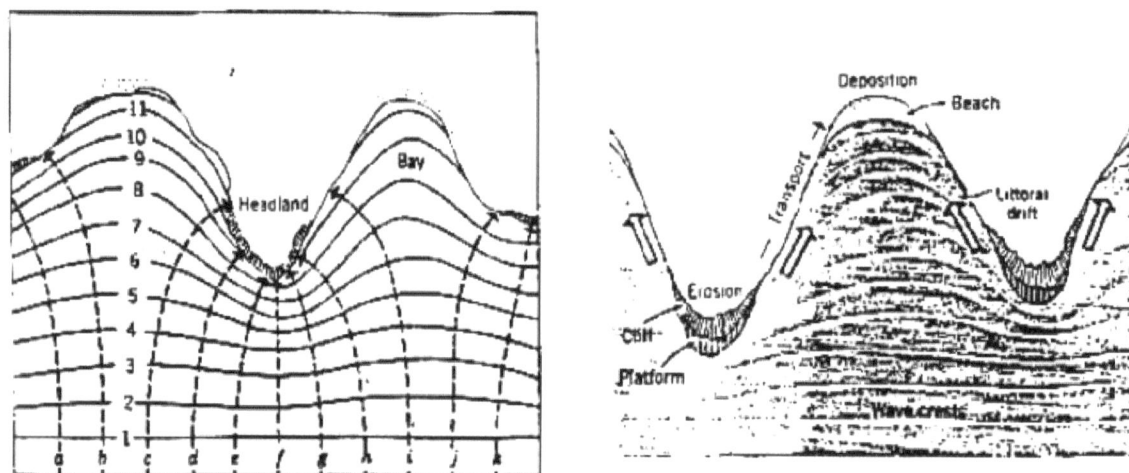

Fig. 5.7: nella prima immagine vengono rappresentate linee equipotenziali dell'energia associata al moto ondoso incidente sulla costa (Strahler 1983). Le linee tratteggiate indicano la direzione di propagazione del moto ondoso. Nella seconda immagine viene evidenziata l'azione di erosione, trasporto e posizione effettuata dal moto ondoso sulla stessa linea di costa.

Dal punto di vista topografico una spiaggia si divide in:

➢ spiaggia emersa, che comincia ai piedi della prima duna, dove finisce l'effetto delle onde e va fino al livello medio dell'alta marea. Viene sommersa durante le tempeste;

➢ zona di transizione, dove arriva l'azione del moto ondoso solo in fase di tempesta;

- ➢ spiaggia intertidale, compresa fra il livello medio dell'alta e della bassa marea, per cui viene alternativamente inondata (alta marea) ed esposta all'atmosfera (bassa marea);

- ➢ spiaggia sommersa, che va dal livello medio della bassa marea fino al livello di base del moto ondoso, corrispondente ad una profondità pari a circa metà della lunghezza d'onda.

La spiaggia sommersa è costituita da materiali grossolani (sabbia) che il moto ondoso, governato dai fattori meteo marini, può spostare in un andirivieni fra sotto e sopra il mare, secondo movimenti trasversali rispetto allo sviluppo longitudinale della costa. I materiali della spiaggia sommersa sono modellati in una serie mobile di barre e gole intercalate. In condizioni meteo favorevoli tali materiali alimentano la spiaggia emersa, mentre in condizioni sfavorevoli sono i materiali della spiaggia emersa ad alimentare il sistema delle barre.

5.3   Forze agenti sul sedimento

Possiamo schematizzare le forze che agiscono su di un granulo di sedimento in modo tale da comprendere l'effetto della loro risultante sulla dinamica del granulo stesso.

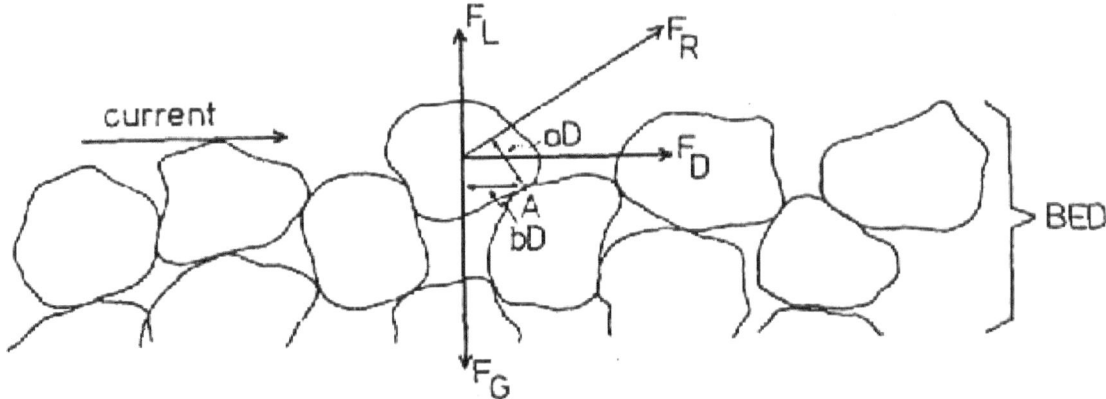

Fig. 5.8: forze applicate ad un granulo di sedimento sulla linea di fondo (Van der Velden, 2000)

Quando lo *shear stress* (pressione di taglio) diventa maggiore delle forze di gravità e di quelle d'attrito, raggiungendo un valore critico, il sedimento inizia a muoversi. Questo valore prende il nome di *shear stress critico* ed è funzione non lineare della dimensione dei granuli:

$$\tau_{crit} = \frac{\pi}{6} \cdot d^2 \cdot N \cdot \tan\varphi \cdot (\rho_s - \rho) \cdot g \cdot d$$

dove:

              d = diametro del granulo;

              N = numero di granuli per cm2;

              ρs-ρ = differenza fra densità del sedimento e densità del fluido ;

              φ = costante che dipende dal tipo di materiale;

              g = accelerazione di gravità.

La non linearità è dovuta al fatto che la coesività dei sedimenti gioca un ruolo fondamentale: essa è dovuta principalmente alla presenza di minerali di argilla nei sedimenti ma può essere dovuta ad una combinazione di attrazione elettrostatica e tensione superficiale dei films di acqua intorno gli aggregati che, a loro volta, si possono formare a causa di films prodotti biologicamente, tali da unire due o più granuli di sedimento. I sedimenti non coesivi, invece, sono di forma più uniforme e sono più liberi di muoversi. Tra questi, ad esempio, le sabbie carbonatiche, i granuli di quarzo o più in generale i sedimenti grossolani. È utile usare una espressione adimensionale dello *shear stress critico*, inglobando un gruppo di variabili in un valore che è costante per un dato tipo di sabbia:

$$\theta_{crit} = \frac{\tau_{crit}}{(\rho_s - \rho) \cdot g \cdot d} \qquad\qquad \theta_{crit} = f \cdot \left(\frac{d \cdot u^x}{v}\right)$$

Diagrammando i valori di θ_{cr} che si ottengono sperimentalmente rispetto alle dimensioni dei granuli, si costruisce il diagramma di Shield:

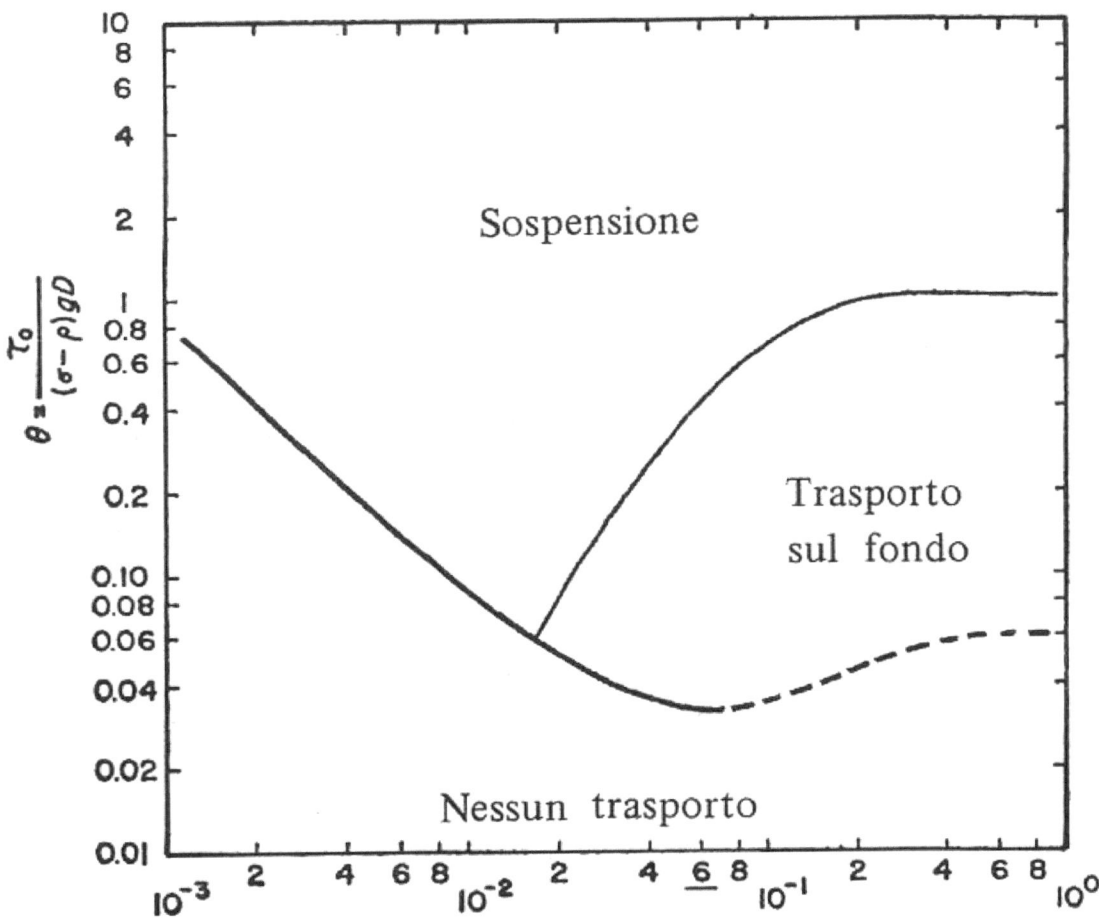

Fig. 5.9: diagramma di Shield (Ricci Lucchi, 1993)

Il diagramma mostra come l'espressione teorica, nella quale la pressione critica è direttamente proporzionale al diametro del granulo, è rispettata solo dalla parte tratteggiata della curva, cioè per d≥0,06 mm, mentre per dimensioni inferiori la pressione di trascinamento è maggiore; ciò è dovuto alla coesione che lega le particelle tanto più quanto sono piccole. L'equazione del trascinamento esprime dunque il comportamento della sabbia media o grossolana e dei ciottoli. Una volta messo in movimento, il granulo viene dunque spostato secondo modalità che dipendono essenzialmente dalle proprie dimensioni: le particelle più piccole, con diametro minore di 0,15 mm vengono trasportate in sospensione, quindi percorrono lunghi tratti in cui rimangono sospese nel fluido, distribuite in tutto il suo spessore, mentre il trasporto per *saltazione* interessa le particelle di dimensioni intermedie che sono sottoposte a balzi di lunghezza proporzionale al loro peso. Il trasporto sul fondo, per trascinamento e rotolamento, interessa le particelle più grandi in movimento, che solo per valori elevati di *shear stress* vengono messi in sospensione.

Velocità di caduta

Quando le forze esercitate sui granuli non sono più abbastanza intense per renderne possibile il trasporto, questi tendono a cadere sedimentando sul fondo, a causa della forza di gravità. Le leggi fisiche che regolano la caduta dei corpi sono funzione delle dimensioni della sfera, della sua densità e di quella del fluido nel quale avviene la caduta, oltre che del valore locale dell'accelerazione di gravità. Nel caso di corpi di piccole dimensioni la velocità di caduta è funzione anche della viscosità del fluido. La legge che descrive la velocità di caduta per particelle fini è la legge di Stokes:

$$v = \frac{2 \cdot R^2 \cdot g \cdot (\rho - \rho_0)}{9 \cdot \mu}$$

dove: R = raggio della particella di sedimento (d50/2);

$\rho - \rho 0$ = differenza tra densità del sedimento e quella dell'acqua;

μ = viscosità dinamica (0,0014 kg/ms);

g = accelerazione di gravità.

I rapporti esistenti fra erosione, trasporto e sedimentazione sono stati schematizzati da Hjulstrom in un diagramma; esso appare diviso in tre campi da due curve delle quali quella superiore indica le velocità minime necessarie all'erosione di granuli di dimensioni comprese fra 1 micron e 10 cm di diametro; l'area centrale, compresa fra le due curve, è quella in cui le stesse particelle vengono trasportate se sono state precedentemente erose, mentre l'area inferiore è quella nella quale sedimentano tutte le particelle delle dimensioni considerate. Dal diagramma risulta inoltre che le particelle di dimensioni inferiori a circa

0,02 mm restano in sospensione non solo per valori bassissimi della velocità dell'agente di trasporto, ma anche in sua assenza; ciò giustifica la presenza di sedimenti argillosi a grande distanza dal loro luogo di origine.

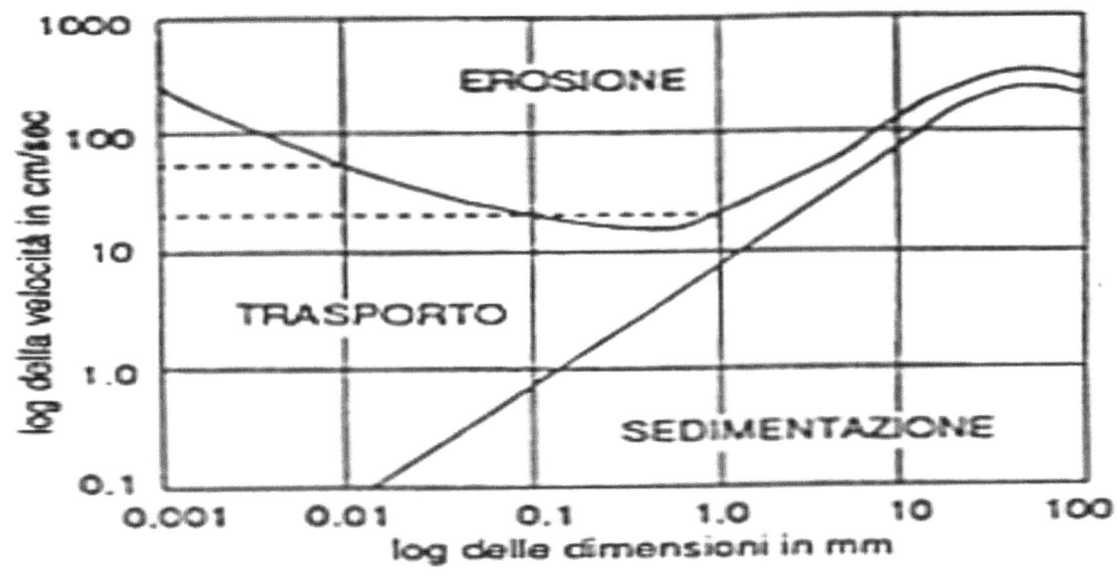

Fig. 5.10: diagramma di Hjulstrom

5.4 Studio dei fondi marini costieri attraverso tecniche di telerilevamento: un approccio integrato con l'uso della tecnologia LiDAR

Le difficoltà che si riscontrano nell'applicazione di tecniche di telerilevamento in ambiente costiero sono prettamente legate alla grande complessità di questi ambienti. La complessità degli ambienti costieri è multisfaccettata e si presenta in termini sia biologici che ottici, e si esplicano sia nel tempo che nello spazio. Il telerilevamento rappresenta uno strumento dal grande potenziale per l'indagine dell'ambiente marino costiero, presentando molta applicabilità nell'ambito del monitoraggio della qualità delle acque, in termini di concentrazione di fitoplacton, solidi sospesi ed inquinanti, nello studio di dettaglio della batimetria costiera e della linea di riva e nella mappatura degli ambienti bentonici, sia su grande scala che su scala di dettaglio. Permettendo una visione ampia e sinottica di tutto il sistema costiero, esso diviene uno strumento utile se non indispensabile ai fini di una gestione integrata della fascia costiera che miri a prendere in considerazione tutte le componenti che in questo ambiente si esplicano. Riconosciuta l'importanza di trovare un metodo per la correzione della profondità al fine di aumentare l'accuratezza delle classificazioni in ambiente costiero delle acque basse, c'è un bisogno crescente di aumentare la quantità e l'accuratezza delle informazioni di batimetria costiera a scala regionale e locale, carenti nella maggior parte del globo ed indispensabili a tal fine. Nuove tecnologie come il Lidar ed altri sensori remoti promettono un miglioramento dell'accuratezza e della facilità di fornire dati batimetrici in zone di acque basse. L'utilità di integrare dati ottici e batimetrici per lo studio delle zone costiere e per la messa a punto di metodi di correzione dell'effetto della colonna d'acqua e della riflettanza del fondo è ben riconosciuta. In questo senso, il Lidar presenta un'alternativa vantaggiosa per ottenere informazioni morfologiche ad elevata risoluzione relative all'intera fascia costiera, indipendentemente dalle caratteristiche del sito da indagare. Dal momento che la tecnologia Lidar (e iperspettrale) permette di acquisire dati relativi a diverse matrici lungo tutta la fascia costiera senza soluzione di continuità, notevoli sono stati ad oggi gli sforzi volti ad utilizzare i set di dati topo-batimetrici rilevati tramite questa tecnologia per sofisticate analisi morfologiche ad elevata risoluzione. Nata alla fine degli anni '70 negli Stati Uniti, la tecnologia Lidar ha trovato con il passare degli anni un numero crescente di applicazioni in differenti contesti quali ad esempio:

- l'analisi del rischio idraulico;

- le valutazioni ambientali;

- la gestione delle foreste;

- il rilievo di infrastrutture;

- il monitoraggio delle attività estrattive;

- il monitoraggio costiero.

La ragione per cui il Lidar è diventato uno strumento di punta nello studio degli ambienti costieri è principalmente la sua capacità di coprire in poco tempo aree ampie, che sarebbero altrimenti di difficile monitoraggio attraverso l'utilizzo di strumenti tradizionali. Grazie alla grande frequenza degli impulsi, il grado di copertura raggiunto è molto alto, tipicamente di circa 20 km²/h e 50 km²/h per le modalità rispettivamente idrografiche e topografiche. Per la zona di marea questo è cruciale, proprio per la ristretta finestra temporale in cui è indagabile. Nessun sistema riesce a raggiungere un tasso di copertura comparabile. Il Lidar topografico può essere utilizzato come complemento alle tecniche di rilevamento acustico. Infatti, mentre i sistemi *multibeam* hanno rivoluzionato l'acquisizione di dati batimetrici nelle acque di medie e grandi profondità, e sono molto meno effettivi nelle acque poco profonde, i sistemi Lidar sono stati disegnati appositamente per indagare gli ambienti poco profondi e possono fornire informazioni ad alta densità e precisione anche nelle acque più superficiali. L'intuizione dell'utilizzo del laser per studi topografici e batimetrici in ambito di fascia costiera ha avuto origine nei primi anni Settanta, ma solo negli anni Ottanta gli istituti di ricerca hanno sviluppato delle applicazioni. Negli anni Novanta sono nate le prime apparecchiature sperimentali che poi sono state commercializzate e stanno riscontrando oggi un notevole successo per le importanti ricadute nella pratica professionale di tutti i giorni. Come già detto, la grande versatilità dei laser scanner ed il costante sviluppo di software dedicati all'elaborazione dei dati raccolti, fa sì che questa tecnica di rilievo si adatti ad un vastissimo ambito di applicazioni civili per l'analisi, la pianificazione e la gestione del territorio nonché del patrimonio costruito. In ambito internazionale le esperienze statunitensi sono all'avanguardia: a titolo d'esempio, si può citare il programma di monitoraggio delle zone a rischio idraulico elaborato nel 2003 dal FEMA (Federal Emergency Management Agency). La scansione laser da aereomobile rappresenta invece una nuova metodologia di acquisizione dati ad elevata precisione particolarmente adatta al rilievo di bassi fondali in fascia costiera. Da quanto fin qui esposto appare evidente che il Lidar è una tecnologia ampiamente utilizzata in alcuni settori della ricerca e dell'ecologia marina e marino-costiera; che trova ampio riscontro negli studi sui popolamenti fitoplanctonici e zooplanctonici, sui banchi di pesce, sui coralli e sulle foreste di mangrovie e sulle praterie di p. oceanica. In altri ambiti, come ad esempio nello studio dei popolamenti zoobentonici, il Lidar è una tecnologia in via di sperimentazione che comunque si basa su estrapolazioni a posteriori del dato ed in molti casi, per valutarne il potere discriminante, richiede la validazione con dati prelevati di campo o bibliografici. Infatti è la conoscenza di alcune caratteristiche strutturali dei fondali come ad esempio la tipologia del fondo, la granulometria del sedimento e la profondità che permetterebbe di predire con buona approssimazione la tipologia di popolamento associata. In questo senso quindi negli ultimi anni si sta valutando il contributo di un sistema di acquisizione remota mediante telerilevamento con Lidar per la mappatura degli habitat costieri.

Aspetti morfologici ed operazionali

Il rilievo costiero effettuato prevede l'utilizzo accoppiato di due differenti sistemi Lidar, uno topografico per la parte emersa, ed uno batimetrico per la parte sommersa, che attuano in modo simultaneo, montati sullo stesso aereo. Il Lidar topografico lavora nel range dell'infrarosso tra i 1047 e i 1540 nm. Il Lidar batimetrico invece lavora su due impulsi a diversa lunghezza d'onda: un infrarosso, a 1064 nm, che non penetra la superficie dell'acqua, e un verde, a 532 nm, che viaggia attraverso le superfici aria-acqua fino a raggiungere il fondo, per essere poi riflesso. Un sensore ricevitore ottico capta gli impulsi di ritorno sia dalla superficie del mare che dal fondo. La profondità può essere calcolata dalla differenza nei tempi di ritorno di questi due impulsi, dopo aver preso in considerazione la geometria del sistema operante, gli errori nella propagazione del laser e l'effetto delle onde e delle maree. La luce viaggia nella colonna d'acqua e viene riflessa dal fondo, ma come succede anche per i sistemi ottici, in questo doppio percorso di andata e ritorno al sensore, la luce subisce eventi di scattering, assorbimento e riflessione che, in un effetto combinato, limitano la forza del segnale di ritorno, e perciò la profondità massima raggiunta dal sistema. La profondità raggiunta è funzione della trasparenza dell'acqua ed è generalmente uguale a 3 volte il valore di trasparenza misurato dal *disco di Secchi*, ma dipende contemporaneamente dalla capacità di riflessione del substrato. La profondità massima tipicamente raggiunta dai sistemi Lidar è di 40-50 m in acque oligotrofiche. Generalmente i sistemi Lidar non sono applicabili ad acque a moderata-elevata torbidità cronica. Nelle acque in cui vi è una torbidità variabile è conveniente scegliere il periodo e la zona in cui le condizioni sono più favorevoli, per ottenere un risultato ottimale.

Caratteristiche del sistema LiDAR HawkEye II :

   Frequenza LiDAR topografico 64,000 Hz

   Frequenza LiDAR batimetrico 4,000 Hz

   Un raggio laser infrarosso e un raggio laser verde

   Accuratezza orizzontale/verticale (terreno): 0.25 m/0.5 m

   Accuratezza orizzontale/verticale (mare): 0.5 m/5 m

   Massima profondità: 60 m

   Abbbracciamento: 240 m

   Sistema di posizionamento e navigazione: Applanix POS

   AV 410 GPS/IMU

Ciò che si ottiene con un rilievo Lidar è una distribuzione di punti ai quali sono associate le coordinate e la quota (XYZ) ed il valore dell'intensità riflessa (I). Il dato Lidar fornisce un'informazione tridimensionale (x, y, z) georiferita, chiamata comunemente *Modello Digitale di Elevazione* (DEM). Essendo le nuvole di punti molto dense si possòno individuare anche strutture come costruzioni, strutture rocciose, vegetazione, ecc.. Viene consegnato inoltre un dato di intensità di riflettenza che può essere utilizzato per distinguere la natura del substrato indagato. L'intero processo di calcolo e rettifica dei punti laser viene preceduto da una fase di calibrazione del sistema, da effettuarsi prima o contestualmente al rilievo Lidar. L'elaborazione dei dati Lidar prevede diverse fasi: a seguito del calcolo della traiettoria e dell'orientamento del sensore mediante DGPS/INS, viene generato un archivio di punti XYZ, successivamente classificati sulla base dell'altezza, intensità della riflessione, ecc.. Dalla nuvola di punti si ottengono, per elaborazioni successive che comprendono sia un filtraggio automatico che uno manuale, *dataset* che descrivono quantitativamente l'andamento della superficie topografica.

Meno note, ma non per questo non meno efficaci, sono invece le tecniche di classificazione basate sull'integrazione del dato Lidar con immagini multi-risoluzione. La possibilità, infatti, di integrare il dato Lidar altimetrico con informazioni derivabili da ortofoto digitali (RGB) che possono accompagnare l'acquisizione del dato Lidar, permette di utilizzare algoritmi di segmentazione del dato basate sull'analisi delle componenti radiometriche. Queste tecniche hanno avuto un recente sviluppo che si è dimostrato ulteriormente efficace quando l'estrazione dell'informazione di radianza è derivata oltre che da immagini multi spettrali anche da immagini provenienti da sensori iperspettrali. L'uso combinato di dati da remoto (Lidar e iperspettrale) e la validazione dei risultati ottenuti potrebbero consentire la messa a punto di una metodologia solida ed affidabile per l'indagine di porzioni emerse e sommerse della fascia costiera che consenta di interpretare le forme, la natura fisica e le dinamiche di ecosistema altamente complesso. Attraverso l'integrazione di dati di natura morfologica, fisica e biologica, è possibile ottenere una visione d'insieme della porzione di ambiente indagato e dunque una caratterizzazione delle dinamiche del paesaggio costiero anche da un punto di vista strettamente ecologico.

CAPITOLO VI: CASO STUDIO: FASCIA COSTIERA DEL COMUNE DI TERMOLI

6.1 Inquadramento del sito

Il tratto di litorale in oggetto si estende per circa 11 km ed è situato nel territorio del comune di Termoli nella zona compresa fra la foce del fiume Biferno a sud-est ed il confine col comune di Petacciato a nord-ovest. Il tipo di costa è prevalentemente basso e sabbioso. Le spiagge sono bordate da cordoni dunari discontinui, antropizzati, frequentemente interessati da fenomeni erosivi su cui si sviluppano pinete spesso sofferenti per l'erosione e la conseguente salinizzazione della

Fig. 6.1: foce del Biferno

falda in seguito alle mareggiate. La zona è sede di peculiarità ambientali e paesaggistiche rilevanti, quali *Siti di Importanza Comunitaria* (SIC) e beni architettonici. Le foci, zone di contatto tra ambiente fluviale e ambiente marino costiero, presentano svariate tipologie di habitat (per la vegetazione e la fauna) di tale rilevanza da essere inseriti appunto nei SIC.

L'idrovora presente alla foce del fiume Biferno rappresenta un «bene», in quanto testimonianza della "recente" storia del territorio litorale. Fra i beni architettonici bisogna segnalare la presenza di

Fig. 6.2: idrovora di Martinelle (foce Biferno)

antiche torri costiere erette intorno alla metà del XVI secolo come la Torre del Sinarca che sorge presso la foce del torrente Sinarca, in località Colle della Torre.

Fig. 6.3: veduta aerea del litorale sud-orientale di Termoli

Fig. 6.4: veduta aerea del centro storico di Termoli

Fig. 6.5: veduta aerea del molo grande del porto di Termoli

Fig. 6.6: trabucco

6.2 Software utilizzati

Per il progetto di tesi sono stati utilizzati i software Erdas Imagine 9.1 della Leica Geosystem e ArcGis 9.2 della Esri. Erdas Imagine è una suite di strumenti software completa, disegnata specificamente per l'elaborazione dei dati geospaziali. Grazie ai suoi strumenti si possono estrarre dalle immagini dati e informazioni di dettaglio. E' un software specifico per l'elaborazione di dati *raster* che permette all'utente di visualizzare e migliorare le immagini digitali. ArcGIS è un famiglia di prodotti GIS estremamente ricca di funzionalità ed altamente scalabile per la gestione, la creazione, l'integrazione, l'analisi e la distribuzione di tutti i tipi di dati geografici, in grado di soddisfare le esigenze di ogni organizzazione dal singolo utente ad un sistema distribuito interconnesso in rete. ArcGIS è il risultato di un progetto che offre una soluzione per tutte le tipologie di utenti GIS quali utenti finali, sviluppatori, pianificatori, progettisti. Sono quindi potenti strumenti per l'editing, l'analisi di modelli di dati e che consentono l'utilizzo nei più svariati campi di applicazione quali gestione di reti tecnologiche nell'ambiente, trasporti, difesa ed idrologia.

6.3 Carta di copertura del suolo

Per creare la carta di copertura del suolo sono state svolte in successione le operazioni riportate nel diagramma.

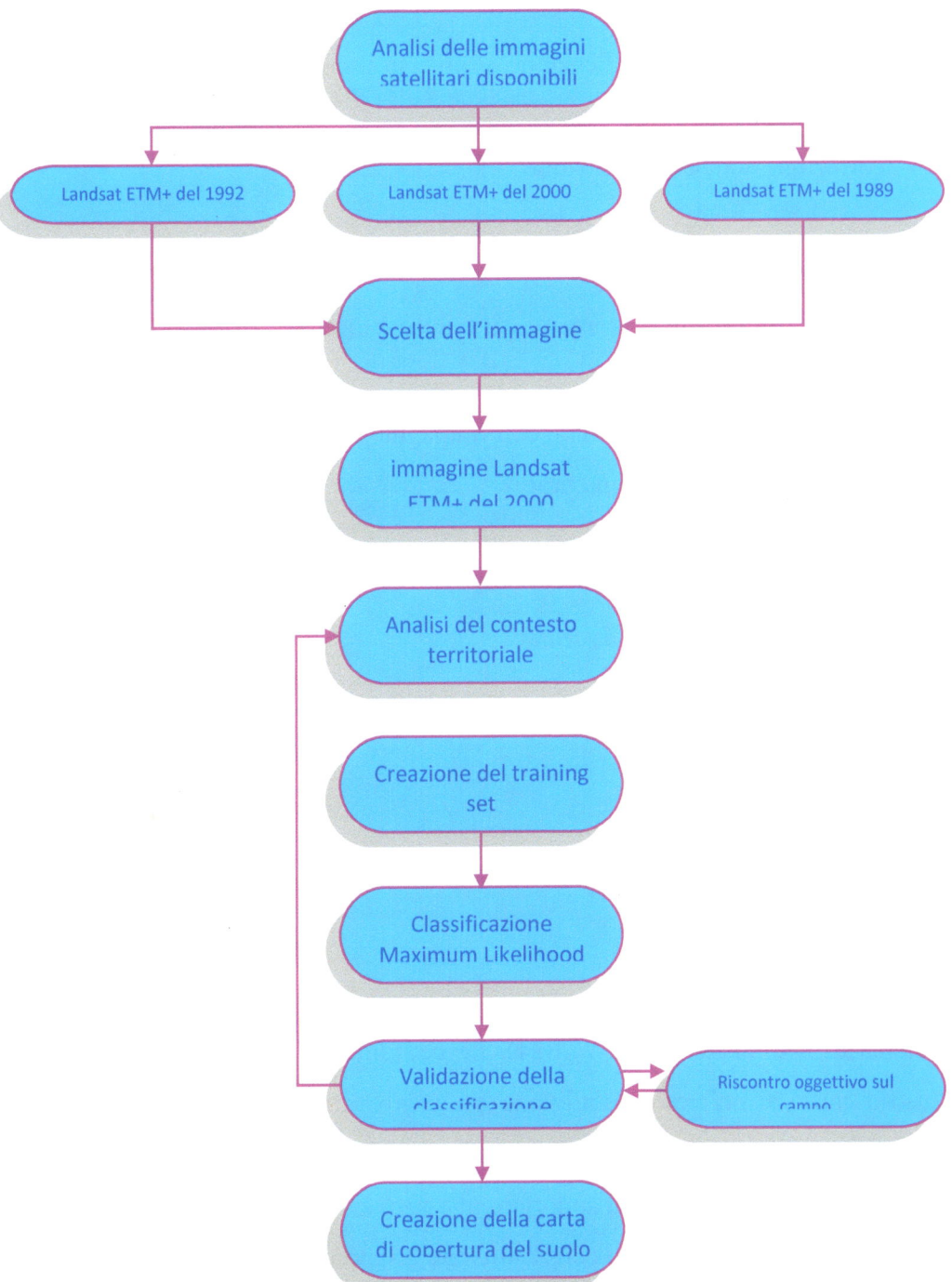

Fig. 6.7: struttura logica della creazione della carta di copertura del suolo

Per ottenere la carta di copertura del suolo della zona in questione, sono state svolte le seguenti operazioni:

- scelta delle categorie (classi) in cui suddividere l'immagine satellitare;
- classificazione dell'immagine satellitare tramite l'utilizzo del software Erdas Imagine 9.2;
- validazione della classificazione attraverso il confronto con punti rilevati sul campo con strumentazione GPS;
- correzione della classificazione.

6.4   Classificazione dell'immagine satellitare

Dall'analisi del contesto territoriale dell'immagine satellitare sono state scelte 9 classi:

- superfici non vegetate naturali;
- acqua;
- aree poco vegetate;
- vigneti, oliveti, alberi da frutta;
- boschi;
- seminativi;
- aree artificiali;
- prati e praterie;
- vegetazione ripariale.

L'immagine satellitare utilizzata per la classificazione (tavole 1 e 2) è una Landsat 7 ETM+ (sistema di coordinate UTM/WGS84). Le coordinate dell'immagine apparivano prive di senso a causa di un'errata definizione del *fuso* operato dalla società fornitrice (risultava  essere il 32 anziché il 33). E' stato quindi necessario caricare l'immagine in *Erdas Imagine* ed apportare una correzione (*Utility/Layer Info/Projection*). Per facilitare il lavoro con il software è stato cambiato il formato dell'immagine da

.bsq a *.img* con il comando *Import* di Erdas Imagine 9.1. Successivamente l'immagine è stata tagliata secondo i limiti del comune di Termoli con il comando *Data Prep/Subset Image* , ed è stata filtrata (*Raster/Filtering/Sharpen*). Dopo di che sono stati scelti i pixel caratteristici delle classi definite in precedenza attraverso l'utilizzo di diversi comandi di Erdas Imagine 9.2, quali:

- *AOI/tools/polygon* ☑: con questo comando si disegnano dei poligoni che contengono i pixel caratteristici delle varie classi considerate;

- *Classifier/Signature Editor*: con questo comando si crea il file di signatures a partire dai poligoni dell'AOI creati in precedenza. Come si può vedere dalla figura è possibile attribuire ad ogni classe un colore distintivo.

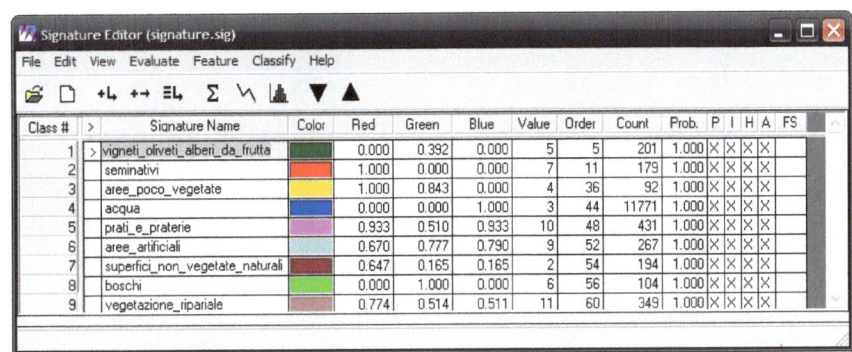

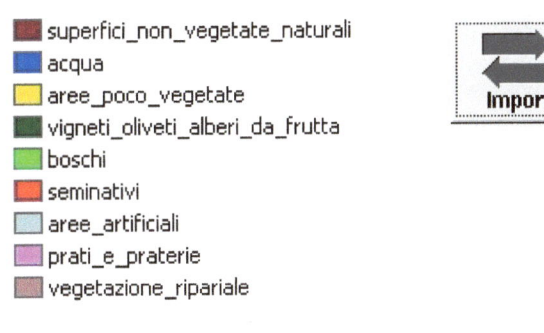

Fatto ciò si è proseguito con la classificazione di tipo *supervised* (*Classifier/Supervised Classification*). Si è scelto di utilizzare un algoritmo del tipo *Maximum Likelihood*. La classificazione è stata ripetuta più volte, scegliendo di volta in volta un *training set* diverso fino ad ottenere un risultato ottimale (tavola 3). L'accuratezza della classificazione è stata valutata prendendo in considerazione i risultati riguardanti zone la cui copertura del suolo era nota, quali la spiaggia, le aree artificiali, l'acqua. Nel momento in cui non si è avuta corrispondenza fra la carta ottenuta e l'immagine, la classificazione è stata ripetuta. Per ovviare al problema della presenza di pixel singoli all'interno di aree a copertura omogenea è stato utilizzato il software ArcGis, in particolare *Arctoolbox/Spatial Analyst Tool/Majority Filter* (tavola 4). Con questo comando le celle (pixel) singole sono state riposizionate tenendo presenti le celle più vicine. Per poter utilizzare questo comando di ArcGIS è stato necessario prima trasformare l'immagine della classificazione dal formato *.img* a *grid* (*Import/Export*) con *Erdas Imagine*. Analizzando le tavole 3 e 4, risulta evidente che la sabbia e lo strato rimescolato di acqua di mare in prossimità della linea di riva, vengono interpretati dal software come appartenenti ad altre classi (urbano).

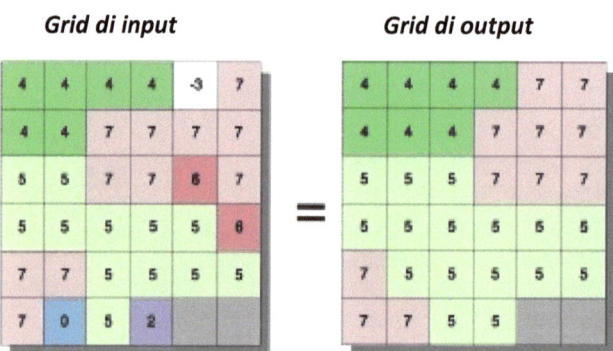

Fig. 6.8: funzionamento del Majority Filter

6.5 Rilievo di punti con strumentazione GPS

Per verificare l'esattezza della classificazione di copertura del suolo effettuata sono stati rilevati punti di riferimento nell'area di studio con GPS Thales Mobile Mapper a lettura di codice e fase nell'arco della giornata del 1 marzo 2008. Per eliminare gli errori globali di rilevamento è stata utilizzata la stazione base del Labgis di Pozzuoli, dotata di un GPS modello iCGRS della Thales a doppia frequenza ed antenna Chock-ring. La correzione apportata è del tipo *in post-elaborazione*, cioè i dati ricevuti dal GPS mobile e dal GPS base vengono registrati per poi essere elaborati a posteriori attraverso il software Mobile Mapper Office. L'operazione di processamento dei dati permette di avere una precisione nella determinazione dei punti che, vista la lunghezza della linea di base (congiungente base-rover), è di circa due metri. I punti sono stati trasformati in formato *shapefile* e visualizzati su due immagini ad alta risoluzione per appurare la correttezza del processamento. La prima è una SPOT del 1992 (tavola 5), la seconda una ZULU del 2000 (tavola 6). Una volta verificata la precisione di posizionamento dei punti, questi sono stati visualizzati in Arcgis sull'immagine della classificazione (tavola 7) e su quella filtrata ottenuta col comando Majority Filter (tavola 8). Da un'analisi delle due immagini si evince una maggiore corrispondenza fra i punti rilevati e la semplice classificazione rispetto all'immagine filtrata. Tra l'immagine TLR e la data di acquisizione dei punti GPS esiste uno scarto temporale di 8 anni. Ciò comporta una non perfetta aderenza tra la classificazione dell'immagine e la realtà odierna (GPS). Comunque i punti di non aderenza sono limitati a zone al di fuori della fascia di 600m, per cui non interessati dall'analisi e valutazione del valore esposto.

6.6 Correzione dell'immagine classificata

Come già accennato, l'immagine classificata è affetta da un errore interpretativo da parte del software, dovuto alla risposta spettrale della sabbia e dello strato rimescolato di acqua di mare in prossimità della linea di riva. Inoltre ai fini dell'applicazione del modello per il calcolo del valore esposto, l'immagine risulta sprovvista di elementi fondamentali quali l'autostrada, le strade e la ferrovia; si è proceduto quindi alla correzione di tale immagine. Onde procedere alla correzione della classificazione, dall'immagine satellitare Landsat è stato estratto un poligono contenente la spiaggia. Si è creato lo shapefile relativo alla zona con Arccatalog ed in seguito si è proceduto alla vettorializzazione in ArcGIS. Gli elementi vettoriali relativi alla ferrovia, alle strade principali e all'autostrada sono stati digitalizzati a monitor utilizzando il rilievo aerofotogrammetrico relativo al volo "Italia 2000". Gli shapefile creati sono poi stati trasformati in formato raster in Arcgis (Spatial Analyst Tool/Convert/Convert Features To Raster). Per ottenere file i cui limiti coincidessero con quelli dell'immagine classificata, si è provveduto a settare le opzioni del tool di Spatial Analyst prima di effettuare la trasformazione. Gli elementi dell'immagine raster sono stati opportunamente riclassificati e quindi modificati nel loro grid code, ciò affinché nella successiva operazione di calcolo tra matrici (raster) non potessero interferire con i grid dell'immagine della classificazione. Per aggiungere i file raster creati a tale immagine, è stato utilizzato il comando Raster calculator del tool di Spatial Analyst, in particolare:

[ferrovia] over [autostrada] over [strade] over [spiaggia] over [immagine classificata]

L'immagine ottenuta è mostrata nella tavola 9. Successivamente si è proceduto alla correzione dell'errore relativo all'acqua del mare. Il formato dell'immagine della classificazione è stato convertito in *vettoriale* (*Spatial Analyst Tool/Convert/Convert Raster to Feature*). I poligoni relativi all'acqua di mare classificata in modo errato sono stati eliminati dove possibile (*Editor/Start EditingModify Feature/Stop Editing*). Infatti in alcune zone si correva il rischio di perdere i dati delle zone classificate correttamente. In seguito il file è stato riconvertito in formato *raster* (*Spatial Analyst Tool/Convert/Convert Features To Raster*). L'immagine così ottenuta presentava delle aree non classificate a cui è stato attribuito il *grid code* dell'acqua (*Spatial Analyst Tool/Reclassify*). In definitiva si è ottenuta un'immagine completa di copertura del suolo (tavola 10).

6.7   Applicazione del modello

Il calcolo del valore esposto è stato effettuato seguendo due strade diverse. Nel primo caso il modello è stato applicato alla carta di copertura del suolo ricavata dalla classificazione dell'immagine Landsat; nel secondo alla carta del Corine Land Cover del 2000 con legenda al IV livello. Alla fine i risultati ottenuti coi due metodi sono stati confrontati.

Applicazione del modello alla carta di copertura del suolo ricavata dalla classificazione dell'immagine Landsat

Come già sviluppato, l'applicazione del modello riguarda solo la zona compresa nei 500 metri dalla linea di riva. Poiché è stata utilizzata un'immagine Landsat con risoluzione di 30 metri, si è considerata una fascia di 600 metri dalla linea di riva, anziché 500, per evitare problemi di posizionamento del limite definito per l'analisi. In questo modo si è avuta la certezza che le aree relative alle varie classi di copertura del suolo ricadessero all'interno della fascia di territorio in esame. Quindi si è reso necessario riclassificare l'immagine della copertura del suolo in modo che i suoi limiti coincidessero con quelli del modello. Si è proceduto vettorializzando la linea di costa dall'immagine Landsat (*Editor/Start Editing/Create new Feature/Stop Editing*), a partire dalla quale si è creato un *buffer* di 600 metri (*Analysis Tool/Proximity/Buffer*). L'immagine è stata riclassificata utilizzando tale *buffer* come maschera nelle opzioni dello *Spatial Analyst tool*. In seguito si è applicato il modello, attribuendo ad ogni classe dell'immagine un *grid code* diverso in base al suo valore esposto (*Spatial Analyst Tool/Reclassify*). L'immagine ottenuta è mostrata nella tavola 11.

Applicazione del modello alla carta del Corine Land Cover del 2000

La carta del Corine Land Cover utilizzata era divisa in fogli rappresentanti aree di territorio di 7 chilometri di lunghezza per 5,5 chilometri di larghezza che sono stati uniti utilizzando l'ArcGis (*Data Managent Tool/General/Append*). Successivamente è stato creato in ArcCatalog un file della linea di riva che è stata vettorializzata poi in ArcGis (*Editor/Start Editing/Create new Feature/Stop Editing*). A partire da questa si è creato un *buffer* di 600 metri (*Analysis Tool/Proximity/Buffer*) che è servito a tagliare la carta del Corine Land Cover secondo i limiti di applicazione del modello (*Analysis Tool/Extract/Clip*). A quest'ultimo file è stato aggiunto un campo nella tabella degli attributi relativo al valore esposto di ogni classe della legenda della carta del Corine Land Cover. L'immagine ottenuta è stata convertita in formato *raster* per agevolare il confronto con quella ottenuta dalla classificazione (tavola 12).

6.8   Osservazioni

Il lavoro svolto ha permesso di confrontare l'applicazione del modello per il calcolo del valore esposto a due carte di copertura del suolo di origine diversa. Da un'analisi delle tavole 11 e 12 risulta evidente la maggiore precisione della carta del valore esposto risultante dall'immagine classificata. La principale differenza fra la carta Corine Land Cover (legenda al IV livello) e la carta di copertura del suolo valutata attraverso la classificazione dell'immagine satellitare, è la diversificazione delle varie tipologie di strade; infatti nella prima non si fa distinzione fra autostrade, strade statali e secondarie, mentre nella seconda queste risultano ben evidenti poiché, elaborando un'immagine satellitare, è facile identificare tali elementi del territorio. Questo fa sì che i risultati dell'applicazione del modello siano nettamente diversi, in quanto i tre tipi di infrastrutture rientrano in due livelli di valore esposto diversi. Un'ulteriore differenza fra le due carte di copertura del suolo è data dai tempi di aggiornamento dei dati e dai costi di produzione. Per compilare una carta Corine Land Cover è necessario effettuare un volo aerofotogrammetrico, che comporta spese elevate e quindi lunghi tempi di creazione. Le immagini telerilevate forniscono invece dati aggiornati in tempo quasi reale a costi ridotti, a maggior ragione se rapportati alle dimensioni delle aree comprese all'interno di ciascuna strisciata acquisita dal satellite.

Conclusioni

I risultati di questo lavoro di tesi offrono una puntuale dimostrazione dell'utilità delle immagini da telerilevamento satellitare per un'accurata analisi e governo del territorio ed evidenziano come tali tecnologie siano flessibili nell'individuazione delle aree-problema che attraverso l'approccio disciplinare dei GIS possono trovare delle soluzioni coerenti sia con le scelte tecniche che politiche. Il TLR ed i GIS sono capaci di dare soluzioni attraverso percorsi multidisciplinari e di rispondere alle esigenze ambientali e territoriali in tempi coerenti con la variabilità del territorio e degli eventi che su di esso accadono. Affinché questa preziosa risorsa possa offrire risvolti pratici diretti, sono auspicabili i seguenti interventi:

- creazione di un database fruibile da tutti gli enti preposti all'amministrazione del territorio, a livello sia nazionale che locale;
- accordi fra le varie amministrazioni locali che ricadono all'interno del medesimo frame per l'acquisto di immagini telerilevate, al fine di ridurre i costi per il reperimento dei dati;
- formazione permanente del personale tecnico addetto all'elaborazione dei dati.

Immagine Landsat ETM+

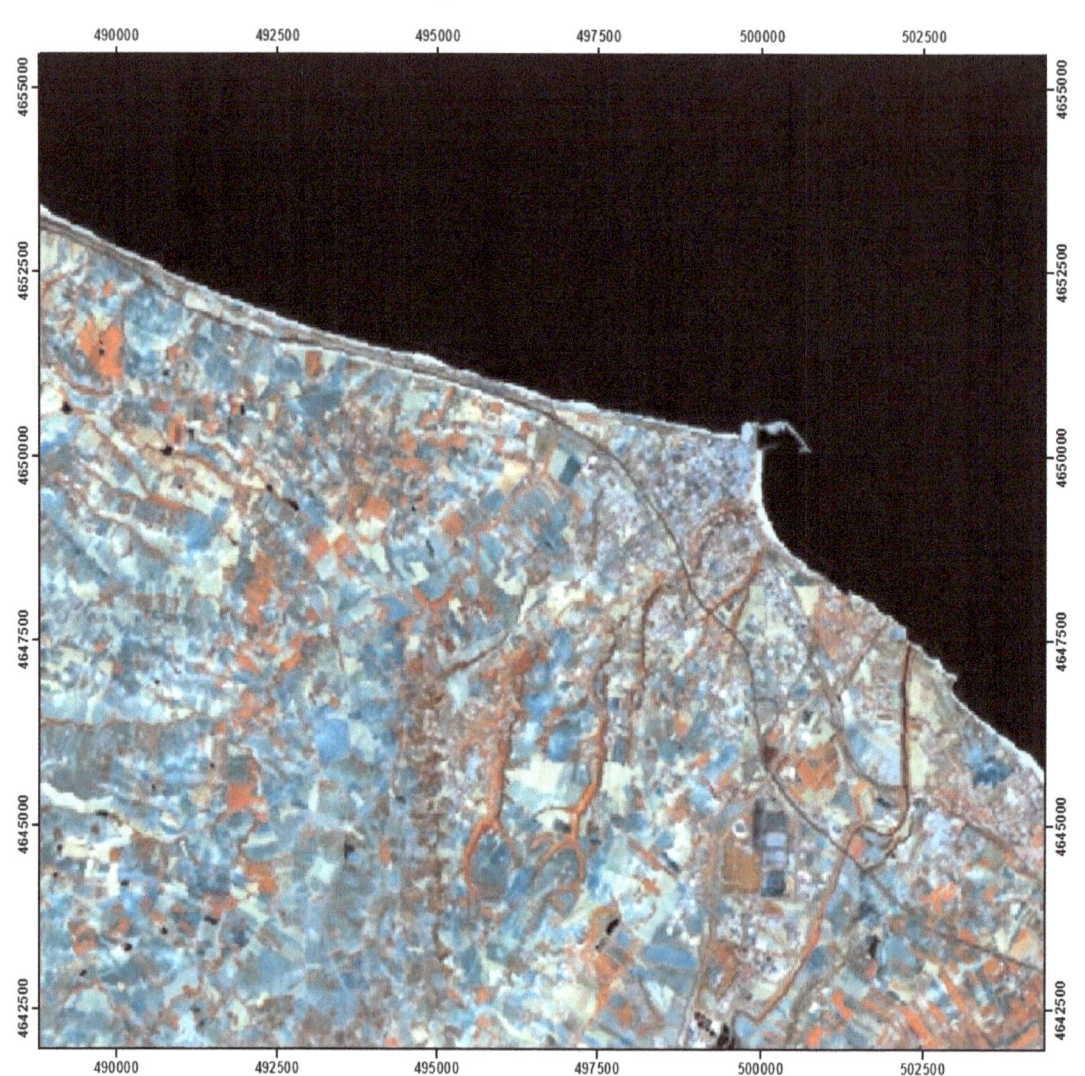

Tavola 1: *immagine Landsat ETM+ (UTM/WGS84,bande 4,5,7) acquisita il 18 agosto 2000*

Immagine Landsat ETM+

Tavola 2: *immagine Landsat ETM+ (UTM/WGS84,bande 3,2,1) acquisita il 18 agosto 2000*

135

carta di copertura del suolo

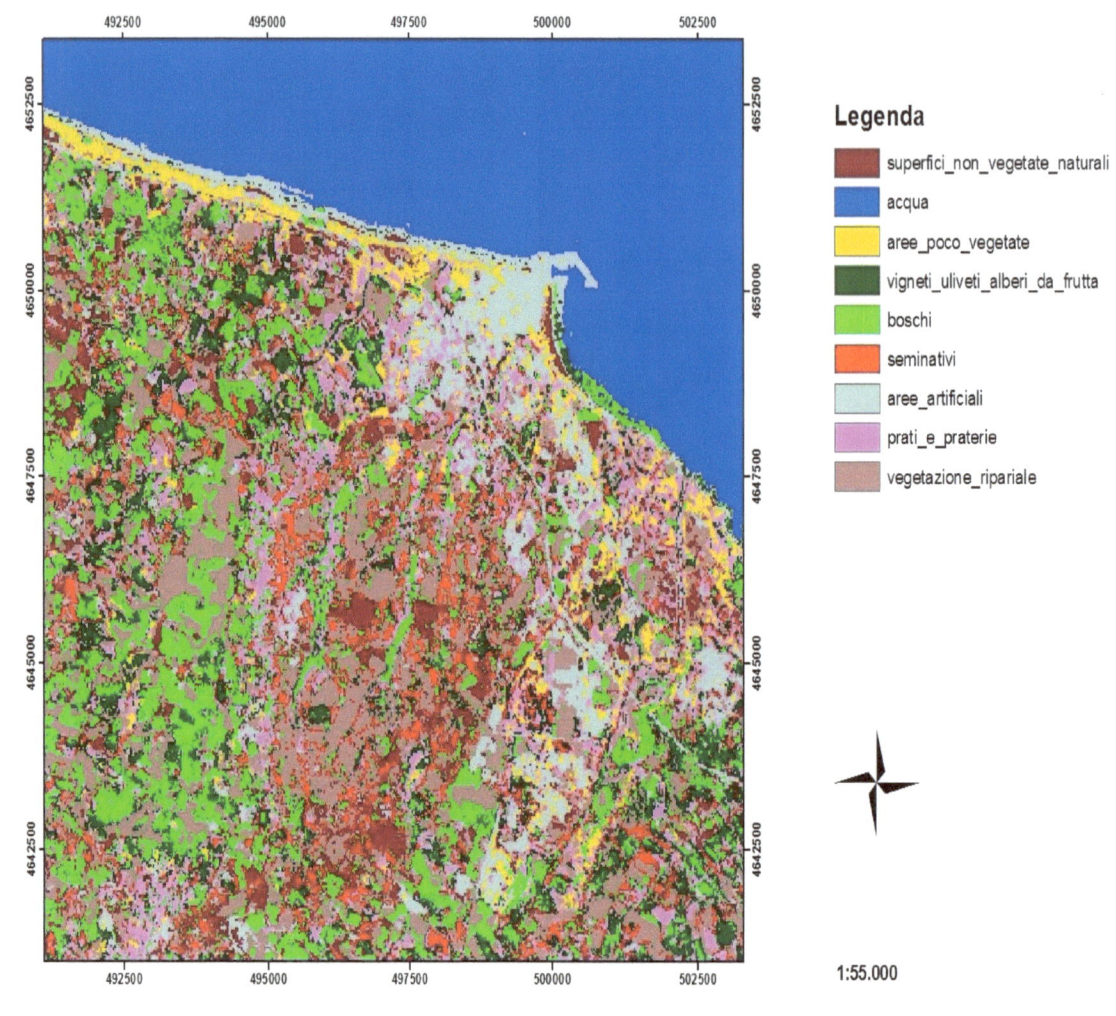

Legenda

- ■ superfici_non_vegetate_naturali
- ■ acqua
- ■ aree_poco_vegetate
- ■ vigneti_uliveti_alberi_da_frutta
- ■ boschi
- ■ seminativi
- ■ aree_artificiali
- ■ prati_e_praterie
- ■ vegetazione_ripariale

1:55.000

Tavola 3: prima classificazione dell'immagine satellitare Landsat ottenuta con Erdas Imagine 9.2

carta di copertura del suolo

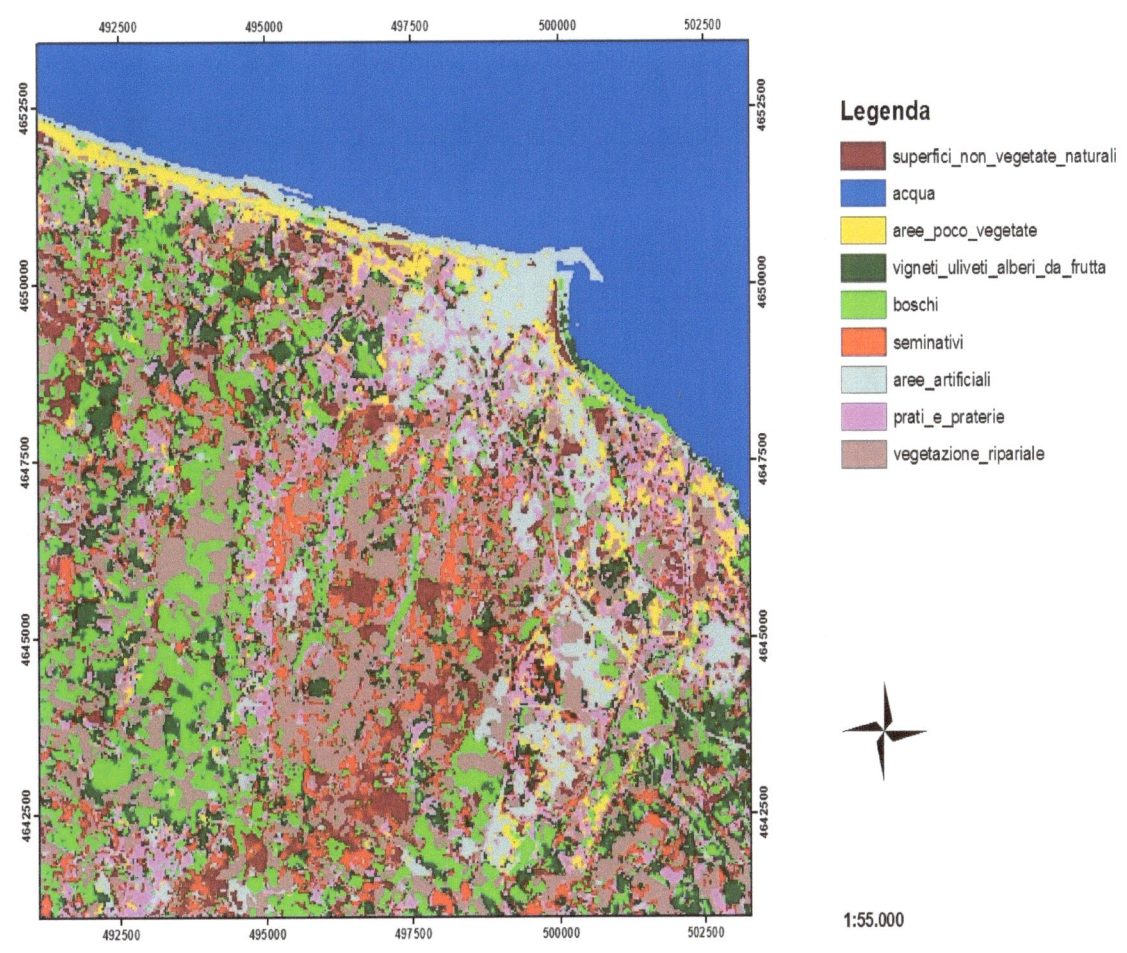

Legenda

- superfici_non_vegetate_naturali
- acqua
- aree_poco_vegetate
- vigneti_uliveti_alberi_da_frutta
- boschi
- seminativi
- aree_artificiali
- prati_e_praterie
- vegetazione_ripariale

1:55.000

Tavola 4: immagine della classificazione filtrata col comando Majority Grid

immagine satellitare SPOT e punti GPS

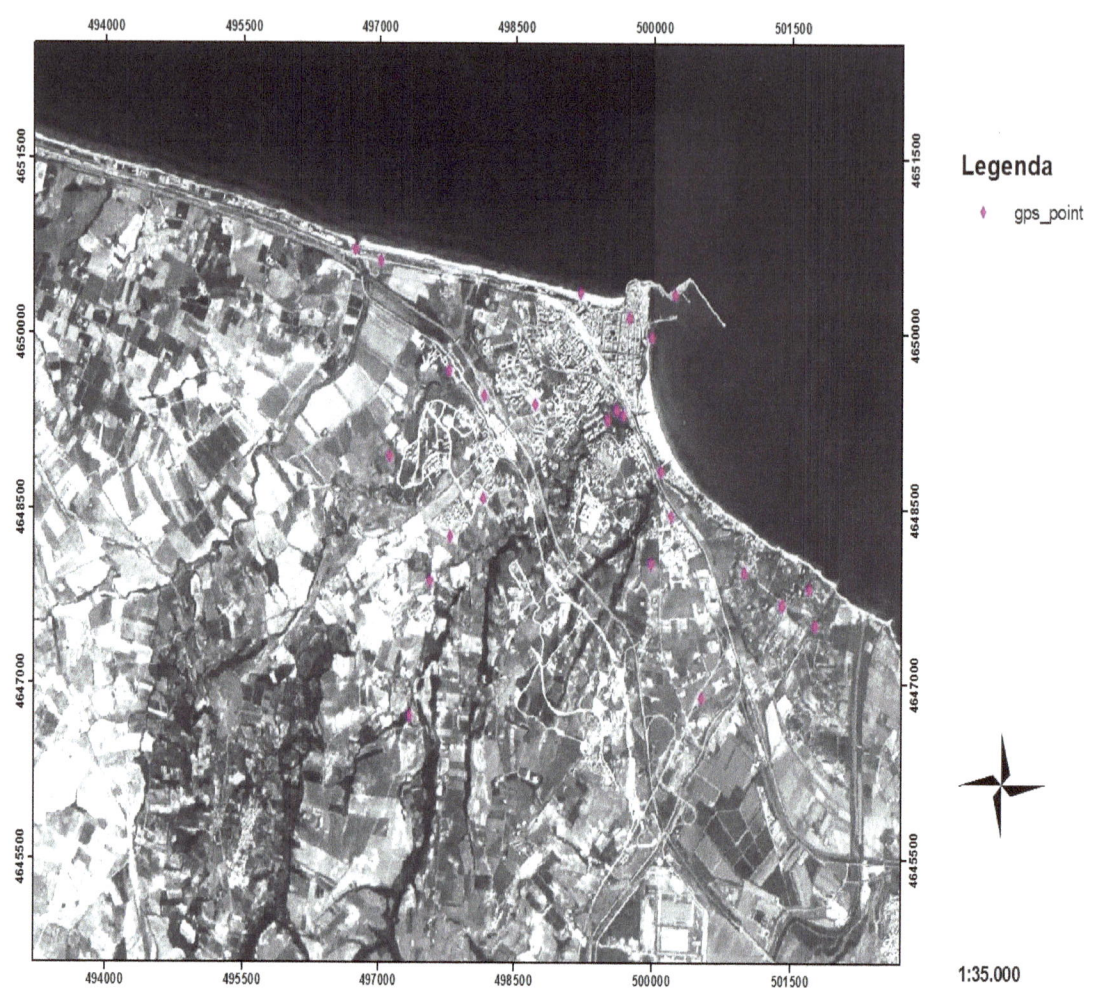

Legenda

♦ gps_point

1:35.000

Tavola 5: *immagine satellitare SPOT (acquisizione agosto 1992, risoluzione a 10 metri) e punti GPS*

immagine satellitare ZULU e punti GPS

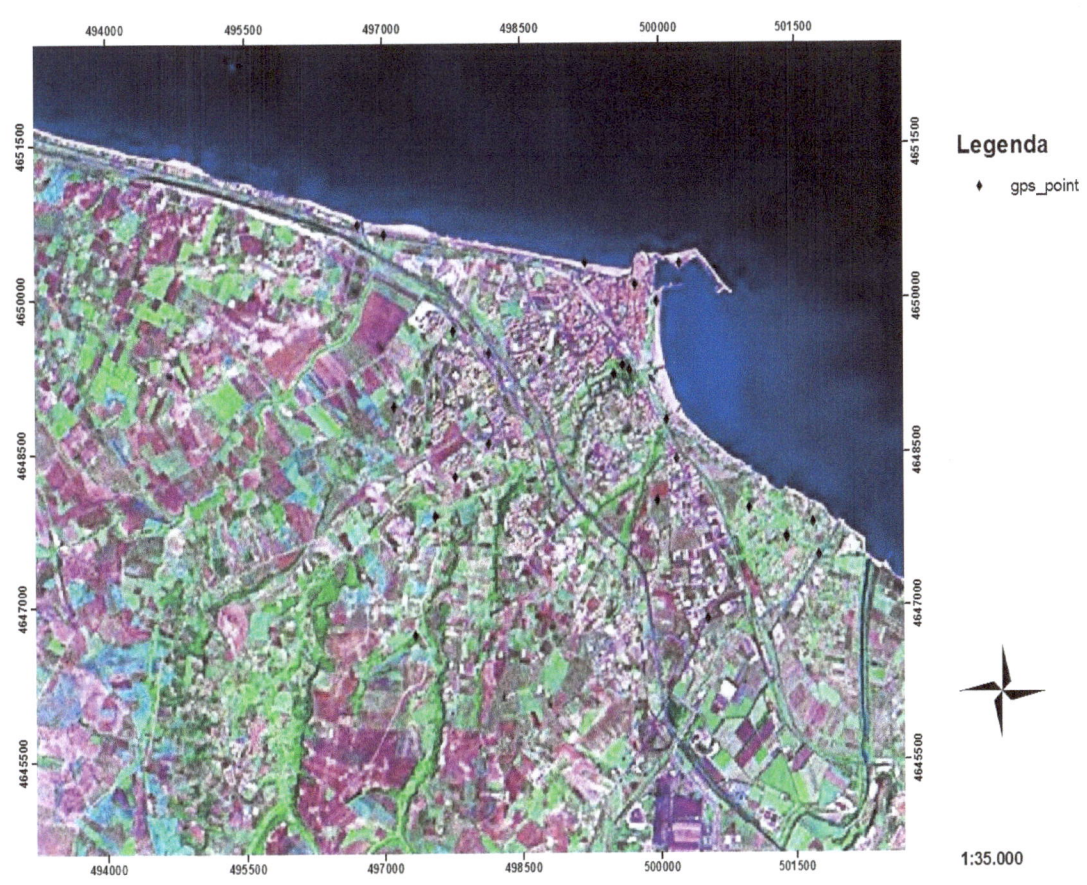

Legenda

♦ gps_point

1:35.000

Tavola 6: immagine satellitare ZULU (acquisizione agosto 2000, risoluzione a 14,25 metri, bande 7,4,2) e punti GPS

carta di copertura del suolo e punti GPS

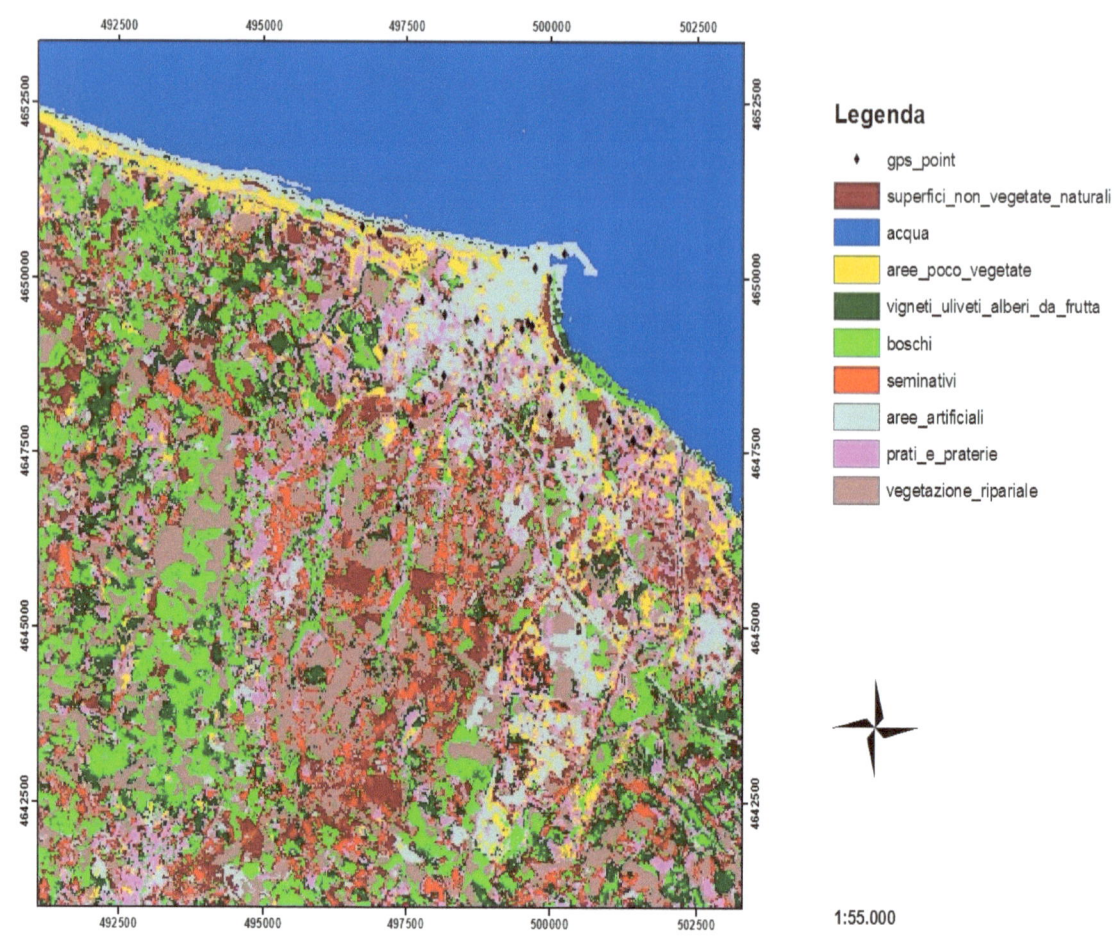

Legenda

- ♦ gps_point
- ▮ superfici_non_vegetate_naturali
- ▮ acqua
- ▮ aree_poco_vegetate
- ▮ vigneti_uliveti_alberi_da_frutta
- ▮ boschi
- ▮ seminativi
- ▮ aree_artificiali
- ▮ prati_e_praterie
- ▮ vegetazione_ripariale

1:55.000

Tavola 7: *immagine della classificazione e punti rilevati con strumentazione GPS*

carta di copertura del suolo e punti GPS

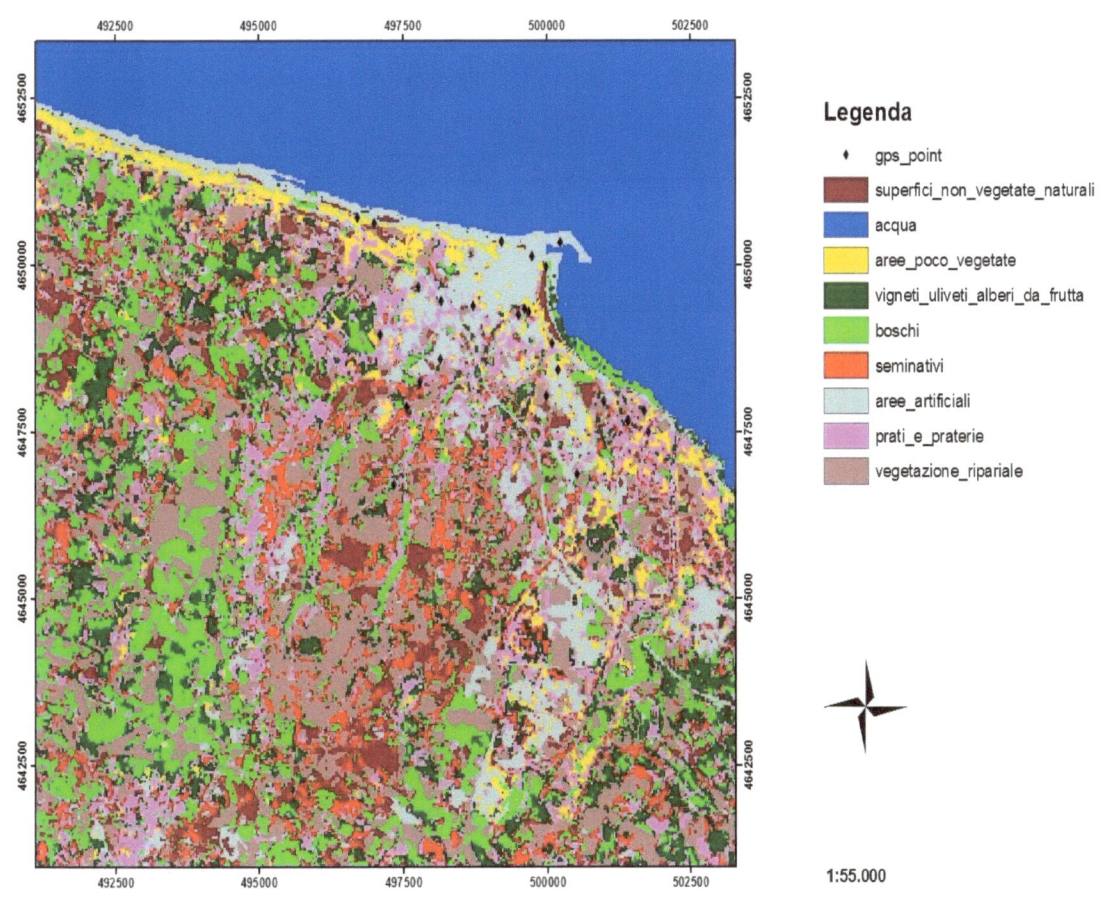

Legenda

- ♦ gps_point
- ■ superfici_non_vegetate_naturali
- ■ acqua
- ■ aree_poco_vegetate
- ■ vigneti_uliveti_alberi_da_frutta
- ■ boschi
- ■ seminativi
- ■ aree_artificiali
- ■ prati_e_praterie
- ■ vegetazione_ripariale

1:55.000

Tavola 8: immagine della classificazione filtrata con il comando Majority Grid e punti rilevati con strumentazione GPS

carta di copertura del suolo

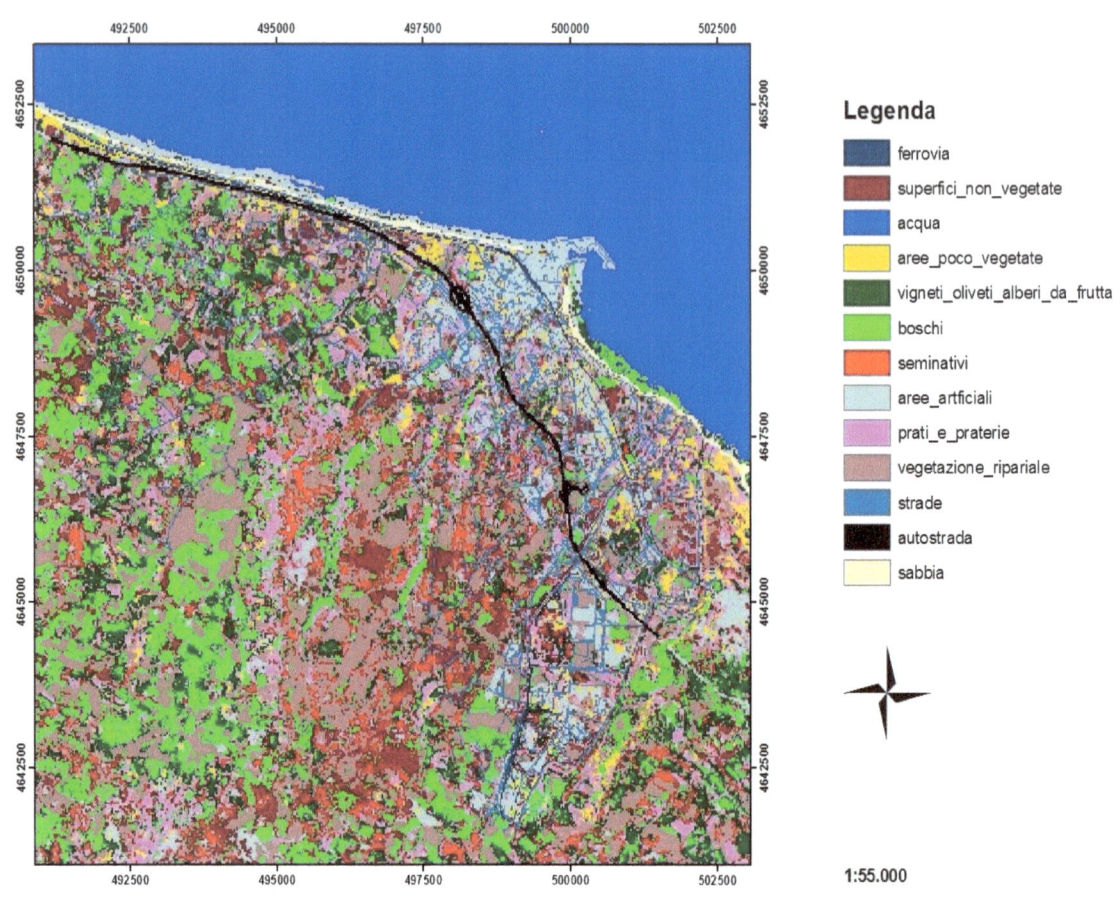

Legenda

- ferrovia
- superfici_non_vegetate
- acqua
- aree_poco_vegetate
- vigneti_oliveti_alberi_da_frutta
- boschi
- seminativi
- aree_artficiali
- prati_e_praterie
- vegetazione_ripariale
- strade
- autostrada
- sabbia

1:55.000

Tavola 9: immagine della classificazione con infrastrutture e spiaggia vettorializzata

carta di copertura del suolo

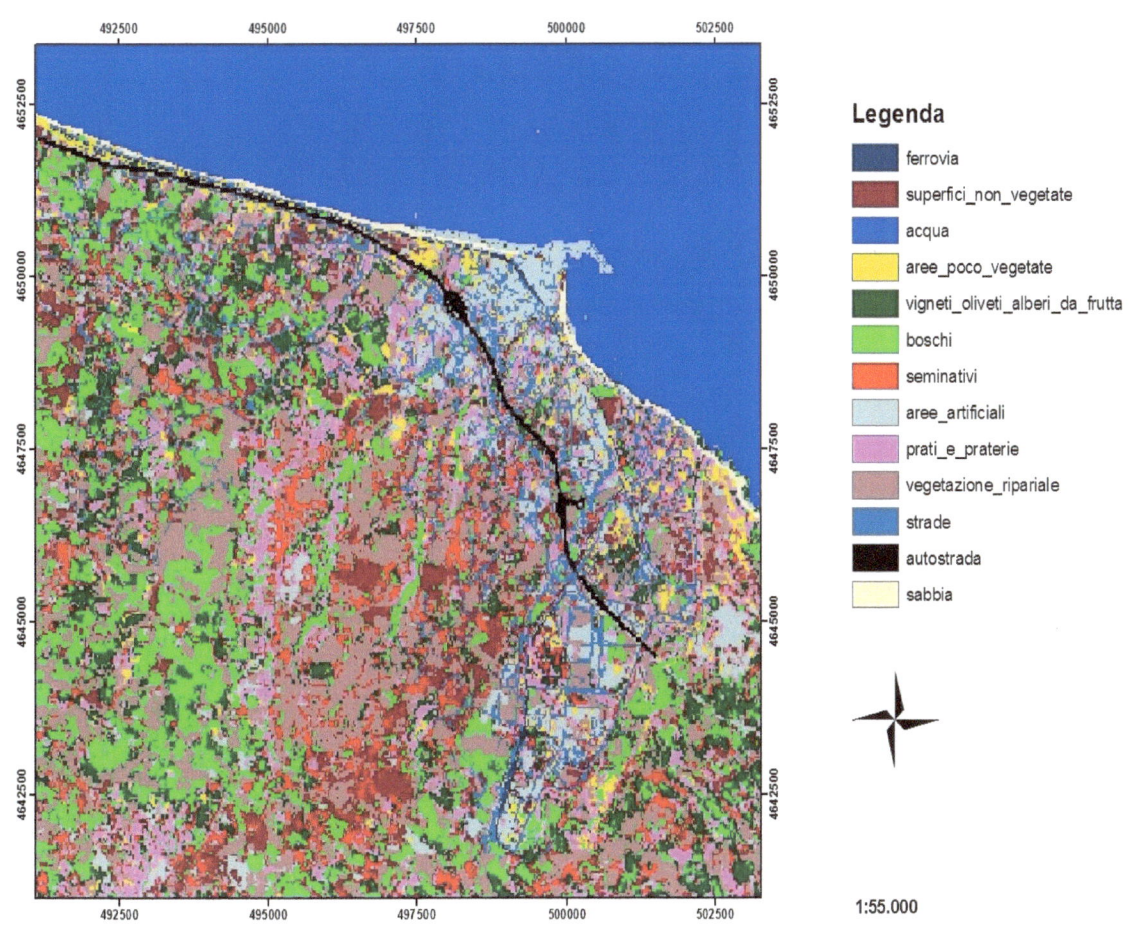

Legenda

- ferrovia
- superfici_non_vegetate
- acqua
- aree_poco_vegetate
- vigneti_oliveti_alberi_da_frutta
- boschi
- seminativi
- aree_artificiali
- prati_e_praterie
- vegetazione_ripariale
- strade
- autostrada
- sabbia

1:55.000

Tavola 10: carta di copertura del suolo finale

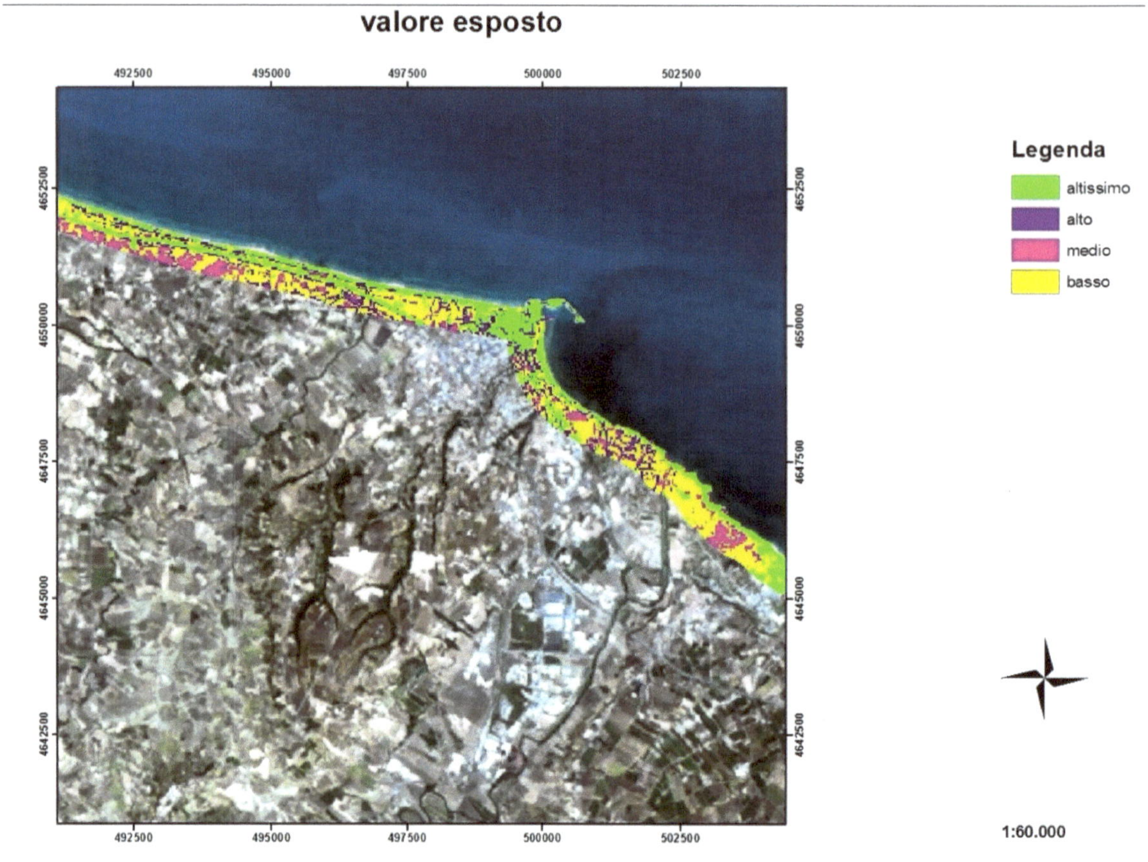

valore esposto

Legenda
- altissimo
- alto
- medio
- basso

1:60.000

Tavola 11: *valore esposto ricavato dall'immagine classificata*

valore esposto

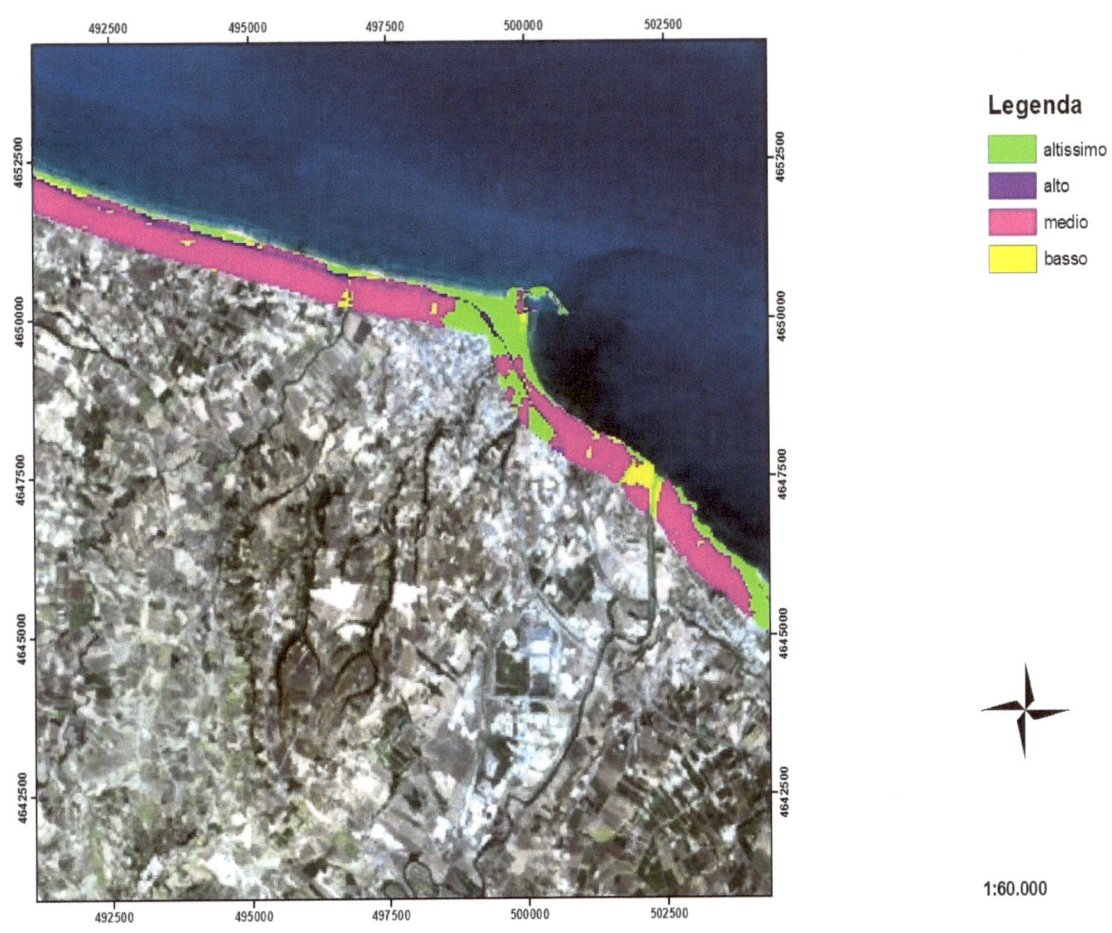

Tavola 12: *valore esposto ricavato dalla carta Corine Land Cover*

Riferimenti bibliografici e siti internet consultati

- **AA.VV.**, *Introduzione ad ArcGIS 1° parte*, sl, ESRI, 2001
- **AA.VV.**, *Sedimentation engineering*, New York, Vito A Vanoni, 1975
- **AA.VV.**, *Using ArcView 8 Spatial Analyst,* sl, ESRI, 2001
- **Amadesi E.**, *Atlante fotografico con esempi di fotointerpretazione,* Bologna, Pitagora Ed., 1982
- **Amadesi E.**, *Fotointerpretazione e aereofotogrammetria,* Bologna, Pitagora Ed., 1977
- **Amadesi E., Vianello G**, *Construction scheme of a slope stability map by air photographs,* Stuttgart, 36th Photogrammetric Week, 1978
- **ARPAT Agenzia Regionale per la protezione ambientale della toscana** Bacino Idrografico - Territorio, pianificazione e tutela ambientale [Online] // Portale dell'Informazione Verde in Provincia di Siena
- **Autorità Portuale di Livorno** Porto di Livorno - Vasca di contenimento per sedimenti di dragaggio - Caratterizzazione geotecnica dei terreni [Rapporto]. - Livorno :
- **Autorità Portuale di Livorno** Revisione del piano regolatore portuale del porto di Livorno [Online] // Comune di Livorno. - 2005. -
- **Brondi Aldo, Di Maio Antonella e Marcelli Marco** Principi logici per il monitoraggio dell'ambiente costiero [Rivista]. - [s.l.] : Periodico trimestrale della Società Italiana di Geologia Ambientale, 2008. - 1 : Vol. XVI
- **Budillon G. [et al.]** Caratteristiche idrodinamiche lungo la fascia [Libro]. - [s.l.] : Annali della Facoltà di Scienze Nautiche, 1999. - LXIV: 7-18
- **Burrough P.A.**, *Principles of Geographical Information System for Land Resources Assesment,* Oxford, Clarendon Press, 1986
- **Caprioli Mauro** Prof., *Telerilevamento*
- **Ciraci Paolo** Correnti marine superficiali [Online] // NAUTICA ON-LINE. – Nautica Editrice S.r.l., 1998. - http://www.nautica.it/info/correnti/set.htm Circolazione.pdf.

⬥ **CNR - ISAC Institute of Atmospheric Sciences and Climate of the Italian National Research Council** La circolazione generale [Online] // ISAC - Istituto di Scienze dell'Atmosfera e del Clima. - http://www.isac.cnr.it/dinamica/davolio/tmp/Didattica/15-

⬥ **Cognetti G., Sarà M. e Magazzù G.** Biologia Marina [Libro]. - [s.l.] : Ed. Calderini, 2008.

⬥ **Consiglio superiore dei lavori pubblici** Istruzioni Tecniche per la Progettazione ed Esecuzione di Opere di Protezione delle Coste in Erosione. Autori: Tomasicchio U. e Altri [Sentenza] : Art.9 della Legge n. 183 del 1989 in merito a "I Servizi Tecnici Nazionali. - 1989.

⬥ **Di Maio A.** Corso di Sedimentologia presso l'Università degli Studi della Tuscia [Registrazione audio] - 2001

⬥ **Enzo Pranzini & Lilian Wetzel,** *Beach Erosion Monitoring*

⬥ **Franci Giada, Zucco Edoardo e con la collaborazione di Giorgio Massa** Le forme di inquinamento del mare [Online] // Area Marina Protetta di Portofino. – Ministero dell'Ambiente e della Tutela del Territorio e del Mare. -Gen%20nuove%20cap4.pdf.

⬥ **Gomarasca Mario A.,** *Introduzione a telerilevamento e GIS per la gestione delle risorse agricole e ambientali,* ed.1997
http://www.comune.livorno.it/_livo/uploads/2011_11_7_14_40_43.pdf
http://www.comune.livorno.it/_livo/uploads/2011_11_7_14_41_27.pdf, 2008
http://www.portofinoamp.it/it/images/stories/upload3/dispense%20definitive%20vere%20

⬥ **Huxold W. E.,** *An introduction to Urban Geographic Information System,* Oxford, University Press, 1991

⬥ Il Mediteraneo [Online] // Missione Alboran. -
http://missionealboran.wordpress.com/2009/09/02/il-mediterraneo/.

⬥ **ISPRA Istituto Superiore per la Protezione e la Ricerca Ambientale** Livorno / Trasduttore di direzione vento - T007 TDV [Online] // Rete Mareografica Nazionale-http://www.mareografico.it

- **Kovacs Eastern Michigan University** ESSC 311 [Online] // Studyblue. - Earth Science 311 with Kovacs at Eastern Michigan University. http://www.studyblue.com/notes/note/n/essc-311-test-2-567/deck/4136634

- **Kuhlbrodt T. [et al.]** On the driving processes of the Atlantic meridional overturning circulation [Libro]. - [s.l.] : Rev. Geophys, 2007. - doi:10.1029/2004RG000166

- **Legambiente e Dipartimento di Protezione Civile** L'inquinamento da idrocarburi nel Mediterraneo [Rapporto]. - [s.l.] : Dossier realizzato nell'ambito di Clean UP the Med, 2007.

- **Linacre B. e Geerts E.** Equatorial upwelling [Online] // University of Wyoming. - http://www-das.uwyo.edu/~geerts/cwx/notes/chap11/equat_upwel.html

- **Lindstrom Eric J.** Ocean in Motion: Ekman Transport Background [Online] // Ocean Motion and surface currents. - NASA, Physical Oceanography Program. - http://oceanmotion.org/html/background/ocean-in-motion.htm

- **Luettich R.A. e Westerink J.J.** ADvance CIRCulation model for oceanic, coastal and estuarine waters [Libro]. - 2000

- **Mazzanti et al** Geologia e morfologia della bassa Val di Cecina [Libro]. - [s.l.] : Suppl. 1 Quad. Mus. St. Nat. Livorno, 1987

- **Mazzoldi P., Nigro M. e Voci C.** Fisica-Vol II –Elettromagnetismo-onde, pag 443,457- 458 [Libro]. - [s.l.] : Edizioni Edises, Monografia, 1998

- **Monti C.F. Stefano** Tecniche di monitoraggio ambientale - Sversamento di oli e idrocarburi: azioni di contenimento del danno ambientale [Rivista]. - [s.l.] : Rivista Marittima, 2005.137

- **Mori Alberto**, *Le carte geografiche e loro lettura e interpretazione,* Pisa, Libreria Goliardica, 1968

- **Mosetti F.** Fondamenti di Oceanologia e Idrologia [Libro]. - [s.l.] : UTET, 1979

- **National Science Foundation** Currents: water masses in motion [Online] // Satellite

- **Ovchinnikov I.M.** Circulation in the surface and intermediate layers of the Mediterranean. [Libro]. - [s.l.] : 6: 48-59, 1996.

- **Pinet P.R.** Oceanography-An introduction to the Planet Oceanus [Libro]. - [s.l.] : Colgate University, Monografia, 1992

- **Piscedda Sandra**, *Introduzione ai sistemi informativi geografici*, Agricoltura Ricerca, Anno XXI, numero 180/181, 1999, pp 5/46

- **Pond S. e Pickard G.L.** Introductory Dynamical Oceanography 2nd edition [Libro]. - [s.l.] : Ed. Butterworth Heinemann, Monografia, 2001

- **Porcellotti Stefano** Carta delle vocazioni ittiche della provincia di Arezzo: il fiume Arno [Online] // ittiofauna.org. - Sito ufficiale dell'Associazione Ichthyos Italia

- **REMPEC - Regional Marine Pollution Emergency Response Centre for the Mediterranean Sea** Statistical analysis for alerts and accidents database [Rapporto]. - 2008

- **Ricci Lucchi Franco** I ritmi del mare [Libro]. - Urbino : Carocci editore, 1993. - 9788843009244.

- **Robinson A.R. [et al.]** Mediterranean Sea Circulation, Encyclopedia of Ocean Sciences [Libro]. - [s.l.] : Academic Press, 2001. - 1689-1706

- **Roussenov V. [et al.]** Schema della circolazione superficiale del Mar Mediterraneo [Rappresentazione]. - 1995

- **Scarpa Luigi**, *Lo spazio geografico nei GIS - Sistemi informativi geo-grafici-: concetti tecnologie ed applicazioni*, "Moduli 10", Napoli, CUEN, 2001.

- **Smith J. M., Sherlock A.R. e Resio D.T.** STWAVE: Steady-State Spectral Wave Model. User's manual for STWAVE, Version 3.0, Coastal and Hydraulics Laboratory, ERDC/CHL SR-01-1 [Libro]. - 2001

- **Stewart R. H.** Introdution to Physical Oceanograpy, Department of Oceanography [Libro]. - [s.l.] : Texas A&M University, moografia., 2004

- **Strahler e Arthur N.** Earth sciences [Libro].- New York : Harper & Row, 1971.-101-905-665

- **Thompson E.R [et al.]** Wave response of Kahului Harbour, Maui, Hawaii, Techical Report CERC-96-11, U.S.Army Engineer Research and Development Center, Vicksburg, MS [Libro]. - 1996

- **Tomasicchio Ugo** Manuale di ingegneria portuale e costiera [Libro]. - Cosenza : Editoriale Bios s.a.s., 2001. - ISBN 88-7740-317-9

- **Umgiesser G.** La riduzione delle punte di marea della laguna di Venezia: l'effetto delle opere complementari e la situazione ai tempi del Denaix [Libro]. - [s.l.] : Relazione tecnica, 2003

- **Van der Velden** Coastal Engineering, TU Delft, Monografia [Rappresentazione]. - 2000

- **Venturini G ed altri**, *Progettazione e realizzazione di sistemi informativi geografici (GIS) per la gestione integrata delle aree costiere*, Atti Giornate Italiane Ingegneria Costiera, 2000

- **Vianello Gilmo**, *Cartografia e fotointerpretazione,* Bologna, CLUEB, 1998

- **Westerink J.J. [et al.]** A new generation hurricane storm surge model for Southern Lousiana [Libro]. - 2005

- ftp://img2kftp.jrc.it/pub/img2000/tpt16516/
- http://151.99.174.16/mapserver.html
- http://cimss.ssec.wisc.edu/sage/oceanography/lesson3/concepts.html
- http://dataservice.eea.europa.eu/atlas/viewdata/viewpub.asp?id=1822
- http://en.wikipedia.org/wiki/Landsat
- http://essayweb.net/geology/quicknotes/ocean_currents.shtml
- http://geoengine.nga.mil/
- http://geomatica.como.polimi.it/corsi/misure_geodetiche/mg_01introduzione.pdf
- http://glcfapp.umiacs.umd.edu:8080/esdi/index.jsp
- http://image2000.jrc.it/
- http://lcdm.gsfc.nasa.gov/index.htm
- http://stweb.sister.it/itaCorine/corine/progettocorine.htm
- http://www.almedia.it

- http://www.apan.it
- http://www.apat.gov.it/site/_contentfiles/00140800/140870_R61_2005.pdf
- http://www.apat.gov.it/site/_files/Pubblicazioni/Annuario2007/capitolo_5.pdf
- http://www.atenoline.it
- http://www.comune.termoli.cb.it/
- http://www.conferenzacambiamenticlimatici2007.it/site/_Files/presentazionipalermo/VICINI.pdf
- http://www.dgps.it
- http://www.diiar.polimi.it
- http://www.disat.unimib.it/VAST/lezioni/file%20pdf/principi-grandezze1.pdf
- http://www.esriitalia.it
- http://www.eurosion.org/
- http://www.garmin.com
- http://www.geologica.com
- http://www.geotecnologie.unisi.it/Geotecnologie/telerilevamento.php
- http://www.gpscomefare.com
- http://www.guidanatura.com
- http://www.itabc.cnr.it/VHLab/Tech_Rilievo.htm
- http://www.ittiofauna.org/provinciarezzo/carta_ittica/arno/index.htm
- http://www.kadmos.it
- http://www.planetek.it/corsotlr/
- http://www.rilevamento.polimi.it/doc/cart_migliaccio/lez%209_2%20classif%20immagini.pdf
- http://www.sienanatura.net/ombterritorio.htm
- https://zulu.ssc.nasa.gov/mrsid/

www.ingramcontent.com/pod-product-compliance
Lightning Source LLC
Chambersburg PA
CBHW051017180526
45172CB00002B/386